U0050032

生態保育

王麗娟・謝文豐◎著

張　序

觀光事業的發展是一個國家國際化與現代化的指標，開發中國家仰賴它賺取需要的外匯，創造就業機會，現代化的先進國家以這個服務業爲主流，帶動其他產業發展，美化提升國家的形象。

觀光活動自第二次世界大戰以來，由於國際政治局勢的穩定、交通運輸工具的進步、休閒時間的增長、可支配所得的提高、人類壽命的延長及觀光事業機構的大力推廣等因素，使觀光事業進入了「大眾觀光」（Mass Tourism）的時代，無論是國際間或國內的觀光客人數正不斷的成長之中，觀光事業亦成爲本世紀成長最快速的世界貿易項目之一。

目前國內觀光事業的發展，隨著國民所得的提高、休閒時間的增長，以及商務旅遊的增加，旅遊事業亦跟著蓬勃發展，並朝向多元化的目標邁進，無論是出國觀光或吸引外籍旅客來華觀光，皆有長足的成長。惟觀光事業之永續經營，除應有完善的硬體建設外，應賴良好的人力資源之訓練與培育，方可竟其全功。

觀光事業從業人員是發展觀光事業的橋樑，它擔負增進國人與世界各國人民相互了解與建立友誼的任務，是國民外交的重要途徑之一，對整個國家的形象影響至鉅，是故，發展觀光事業應先培養高素質的服務人才。

揆諸國外觀光之學術研究仍方興未艾，但觀光專業書籍相當缺乏，因此出版一套高水準的觀光叢書，以供培養和造就具有國際水準的觀光事業管理人員和旅遊服務人員實刻不容緩。

今欣聞揚智出版公司所見相同，敦請本校觀光事業研究所李銘輝博士擔任主編，歷經兩年時間的統籌擘畫，網羅國內觀光科系知名的教授以及實際從事實務工作的學者、專家共同參與，研擬出版國內第一套完整系列的「觀光叢書」，相信此叢書之推出將對我國觀光事業管理和服務，具有莫大的提升與貢獻。值此叢書付梓之際，特綴數言予以推薦，是以爲序。

中國文化大學董事長

張鏡湖

李 序

觀光教育的目的在於培育各種專業觀光人才，以爲觀光業界所用。面對日益競爭的觀光市場，若觀光專業人才的培育與養成，僅停留在師徒制的口授心傳或使用一些與國內產業無法完全契合的外文教科書，則難免會事半功倍，不但造成人力資源訓練上的盲點，亦將影響國內觀光人力品質的提升。

盱衡國內觀光事業，隨著生活水準普遍提升，旅遊及相關行業日益發達，國際旅遊、商務考察、文化交流等活動因而迅速擴展，如何積極培養相關專業人才以因應市場需求，乃爲當前最迫切的課題。因此，出版一套高水準的觀光叢書，用以培養和造就具有國際水準的觀光事業管理人才與旅遊服務人員，實乃刻不容緩。

揚智出版公司有鑑於觀光界對觀光用書需求的殷切，而觀光用書卻極爲缺乏，乃敦請本校教授兼學生實習就業輔導室主任李銘輝博士擔任觀光叢書主編，歷經多年籌畫，廣邀全國各大專院校學者、專家乃至相關業者等集思廣益，群策群力，分工合作，陸續完成將近二十本的觀光專著，其編輯內容涵蓋理論、實務、創作、授權翻譯等各方面，誠屬國內目前最有系統的一套觀光系列叢書。

此套叢書不但可引發教授研究與撰書立著，以及學生讀書的風氣，也可作為社會人士進修及觀光業界同仁參考研閱之用，而且對整個觀光人才的培育與人員素質的提升大有裨益，欣逢該叢書又有新書付梓，吾樂於為序推薦。

國立高雄餐旅管理專科學校校長

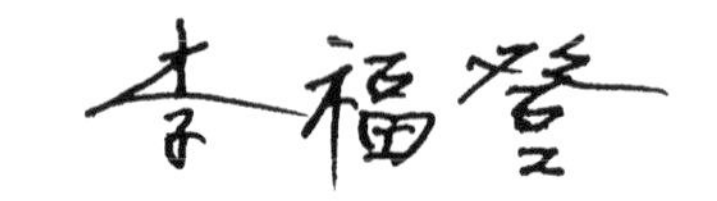

揚智觀光叢書序

觀光事業是一門新興的綜合性服務事業，隨著社會型態的改變，各國國民所得普遍提高，商務交往日益頻繁，以及交通工具快捷舒適，觀光旅行已蔚爲風氣，觀光事業遂成爲國際貿易中最大的產業之一。

觀光事業不僅可以增加一國的「無形輸出」，以平衡國際收支與繁榮社會經濟，更可促進國際文化交流，增進國民外交，促進國際間的了解與合作。是以觀光具有政治、經濟、文化教育與社會等各方面爲目標的功能，從政治觀點可以開展國民外交，增進國際友誼；從經濟觀點可以爭取外匯收入，加速經濟繁榮；從社會觀點可以增加就業機會，促進均衡發展；從教育觀點可以增強國民健康，充實學識知能。

觀光事業既是一種服務業，也是一種感官享受的事業，因此觀光設施與人員服務是否能滿足需求，乃成爲推展觀光成敗之重要關鍵。惟觀光事業既是以提供服務爲主的企業，則有賴大量服務人力之投入。但良好的服務應具備良好的人力素質，良好的人力素質則需要良好的教育與訓練。因此觀光事業對於人力的需求非常殷切，對於人才的教育與訓練，尤應予以最大的重視。

觀光事業是一門涉及層面甚爲寬廣的學科，在其廣泛的研究對象中，包括人（如旅客與從業人員）在空間（如自然、人文環境與設施）從事觀光旅遊行爲（如活動類型）所衍生之各種情狀（如產業、交通工具使用與法令）等，其相互爲用與相輔相成之關係（包含衣、食、住、行、育、樂）皆爲本學科之範疇。因此，與觀光直接有關的行業可包括旅館、餐廳、旅行社、導遊、遊覽車業、遊樂業、手工藝品以及金融等相關產業等，因此，人才的需求是多方面的，其中除一般性的管理服務人才（如會計、出納等）可由一般性的教育機構供應外，其他需要具備專門知識與技能的專才，則有賴專業的教育和訓練。

然而，人才的訓練與培育非朝夕可蹴，必須根據需要，作長期而有計畫的培養，方能適應觀光事業的發展；展望國內外觀光事業，由於交通工具的改進、運輸能量的擴大、國際交往的頻繁，無論國際觀光或國民旅遊，都必然會更迅速地成長，因此今後觀光各行業對於人才的需求自然更爲殷切，觀光人才之教育與訓練當愈形重要。

近年來，觀光學中文著作雖日增，但所涉及的範圍卻仍嫌不足，實難以滿足學界、業者及讀者的需要。個人從事觀光學研究與教育者，平常與產業界言及觀光學用書時，均有難以滿足之憾。基於此一體認，遂萌生編輯一套完整觀光叢書的理念。適得揚智文化事業有此共識，積極支持推行此一計畫，最後乃決定長期編輯一系列的觀光學書籍，並定名爲「揚智觀光叢書」。依照編輯構想，這套叢書的編輯方針應走在觀光事業的尖端，作爲觀光界前導的指標，並應能確實反應觀光事業的眞正需求，以作爲國人認識觀光事業的指引，同時要能綜合學術與實際操作的功能，滿足觀光科系學生的學習需要，並可提供業界實務操作及訓練之參考。因此本叢書有以下幾項特點：

1.叢書所涉及的內容範圍儘量廣闊，舉凡觀光行政與法規、自然和人文觀光資源的開發與保育、旅館與餐飲經營管理實務、旅行業經營，以及導遊和領隊的訓練等各種與觀光事業相關課程，都在選輯之列。

2.各書所採取的理論觀點儘量多元化，不論其立論的學說派別，只要是屬於觀光事業學的範疇，都將兼容並蓄。

3.各書所討論的內容，有偏重於理論者，有偏重於實用者，而以後者居多。

4.各書之寫作性質不一，有屬於創作者，有屬於實用者，也有屬於授權翻譯者。

5.各書之難度與深度不同，有的可用作大專院校觀光科系的教科書，有的可作爲相關專業人員的參考書，也有的可供一般社會大眾閱讀。

6.這套叢書的編輯是長期性的，將隨社會上的實際需要，繼續加入新的書籍。

身爲這套叢書的編者，謹在此感謝中國文化大學董事長張鏡湖博士賜序，產、官、學界所有前輩先進長期以來的支持與愛護，同時更要感謝本叢書中各書的著者，若非各位著者的奉獻與合作，本叢書當難以順利完成，內容也必非如此充實。同時，也要感謝揚智文化事業執事諸君的支持與工作人員的辛勞，才使本叢書能順利地問世。

李銘輝　謹識

自　序

在全世界人口已突破六十億的二十世紀末，人類所面對的是一個污染日益嚴重的生活環境。人與大自然、動植物爭奪生存空間與資源的結果，自然資源大量消耗，造成生態的不平衡，也使人類終於關注到地球的生態保育工作。生態保育觀念源自於人類驚覺資源恢復的速度遠趕不上其被摧毀的速度，所產生無法任意享受資源的危機感，保育的意識因而萌芽。此後，美國著名的保育運動者李奧波（Aldo Leopld）主張，在自然環境中其他種類的生命也有健康生存的權利。自然環境並不屬於人類所有，人類必須與其他生物分享，亦有責任義務考慮到整個生物群落的福祉。此生態保育觀念的轉變，使得人類深深地體認到生態系統的價值，認同人類也是生態體系中的一份子，任何生物及其生存環境均有存在的價值及必要性。

簡而言之，生態保育可說是人類對自然資源與生態環境所採取的保護行動。目前世界各國無不致力於地球生態的保存與維護，希望能藉由各國間的共同合作與努力，謀求人類與自然界的平衡與永續發展。

本書共分爲七章：第一章概述生態保育的觀念、生態環境的組成與生態資源的保護；第二章探討生態環境的問題，包括生態問題的產生、環境污染、生態失調與資源枯竭等問題；第三章說明普遍被使用的生態保育方法，包括物種保育等級、自然保留區、生態保育的相關立法與教育；第四章介紹國際上各保育組織與團體；第五、六章介紹我國在生態保育上的努力與現況，包括國家公園、自然保留區以及其他保護地區與相關保育措施；第七章介紹在生態保育上的重要觀念，如深層生態學、生態圈承載量等，以及近年來最熱門的永續發展議題。

本書從籌寫到完稿歷經一年，期間承蒙中國文化大學觀光事業研究所李銘輝教授、景觀學系郭育任老師在章節架構與內容上的指導與斧正，不勝感激。同時感謝交通部觀光局葉碧華小姐、陽明山國家公園管理處鍾莉雯小姐在資料蒐集上的協助，使得本書的內容更爲豐富。最後感謝家人的支持與揚智文化事業各位同仁的協助。本書的編撰內容力求嚴謹，然恐有遺漏之處，期望各界學者專家能不吝指正，提供寶貴意見，共同爲生態保育教育盡心力。

王麗娟　謝文豐　謹識

目　錄

第一章　生態與保育

- ✔生態保育的概念
- ✔生態環境的組成
- ✔生態保育的目的
- ✔生態資源的保育

長久以來，人類對於生態環境與資源的保育觀念，較少加以重視，以致人類疏於保護賴以維生的生態環境與地球的有限資源。大地污染的日益嚴重與自然資源的逐漸減少，使得人類終於關注到地球生態的保育工作。在了解生態保育工作與措施之前，首先需要了解生態保育的觀念以及其他的相關概念。因而本章將從生態保育的概念、生態環境的組成、生態與人類的關係，以及生態保育的目的等方面一一作介紹。

第一節　生態保育的概念

本節擬先介紹自然保育的定義，再說明生態保育觀念的發展與生態保育的概念。

一、自然保育的定義

根據「世界自然保護大綱」（IUCN, 1980）所載：「自然保育是指對於人類使用生物圈的方式進行經營管理的工作，使生物圈對現在人類的生存與生活，產生最大且持續的利益，同時保留生態系的潛在能量及資源，以滿足後代子孫的需求與期望。」由以上的解釋，可以清楚地了解自然保育應包含對自然資源和生態環境的保存、保護、利用、復育及改良。簡單地來說，自然保育（nature conservation）就是指人類對自然資源與生態環境所採取的保護行動。

二、生態保育觀念的發展

生態保育的觀念是人類在經歷社會環境變遷及經濟發展演進之後，自我反省而逐漸發展成熟的。由於生存及生活所需，人類利用自然資源早已成爲必要且必須的手段，除爲了滿足人類基本生活所需外，人類追求享受與生活便利之欲望，使得自然資源被過度利用而損害，直到人類發覺再生資源恢復的速度遠趕不上其被摧毀的速度。此時，大家才產生無法再任意享受資源的危機感，生態保育的意識也因而開始萌芽。

美國著名的野生動物學家也是保育運動者李奧波（Aldo Leopld, 1887-1948）在其著作《砂地郡曆誌》（*A Sand County Almanac*）中提倡以自然界生態關係爲基礎的保育觀念。他認爲對於自然資源的保育與管理原則，不但可運用在野生動植物的管理，亦可運用在其他保育領域。由於此書將生硬的生態學概念以優雅且淺顯易懂的敘述方式加以傳達，使得生態概念能被人們所普遍接受，進而倡導，如生態良知、保育美學與大地倫理等保育觀念。因此此書被喻爲是環境運動的聖經，也是二十世紀保育運動中最具影響力的著作。李奧波被喻爲是美國野生物管理之父，其中心思想爲：在自然環境中，其他物種也有健康生存的權利。自然環境並不屬於人類所有，所以人類必須與其他生物共同分享。人類在使用或改變自然環境時，亦有責任與義務考慮到整個生物群落的福祉。此生態保育觀念的轉變，使得人類深深地體認到生態系統的價值，並逐漸認同人類也是生態體系中的一份子，任何生物及其生存環境均有存在的價值及必要性。

三、生態保育的概念

自然生態系為生物（動物、植物、微生物）與其生存環境（空氣、陽光、水、土地、氣候）間各種複雜關係所構成的穩定體系。生態保育工作是要尋求人類長遠的福祉，並希望在人類活動和其他生物與環境之間找到一個平衡點，也就是在不影響物種生存的原則下，儘可能的保護物種棲息地的完整性。此外，人類對生態體系及自然資源有充分的認識與保護後，再作合理的開發與利用，才能使得這一代的人獲益，同時保有生態系的潛在能力與良好的自然環境，以提供給下一代的子孫持續使用。

以人類為觀點的生態保育應兼具有保護及合理利用的雙重意義，其基本概念為：

1. 維持現有自然生態體系的平衡穩定是人類生存與繁榮的基礎。
2. 人類文化與精神的根源來自於美麗的自然景觀與自然界的動植物。
3. 自然資源屬於全國國民乃至於全人類所共有，任何人不能非法將自然資源占為己有。

若以整體生物群落的觀點而言，人類為生物群落中的一份子，人類的生命是依賴自然界的動物、植物、微生物，以及生存在環境中的眾多無生命物質共同維持的，因此人類應與其他生物共存共榮。目前地球是我們唯一知道可以維持人類生存的地方，然而人口的增加與人類消費力的不斷增強，再加上自然環境的破壞，逐漸減少了自然界維持生物自然演替與人類生存的能力。這使我們深刻地體驗到除了了解生態保育的意義外，爲了人類的福祉與永續生存，從事生態保育的工作實爲當務之急。

第二節　生態環境的組成

了解生態保育的概念後，本節將介紹生態環境的組成，包括生物圈（biosphere）、生態體系的形成、生態系統的能量流動與物質循環，以及生態平衡的觀念等。讓大家知道生態定律就是自然的法則，了解生態運行的規律，有助於認識生態、環境與人類間相互依賴、密不可分的關係，以喚起大家對生態保育的意識。

一、生態系的組成

（一）何謂生物圈

生物圈這個用語是奧地利的地質學家休斯（E. Suess）首先提出的。直到二十世紀蘇聯生物地球化學家維爾納茲基提出生物圈的學說，才使得生物圈的觀念被廣爲了解。他將住滿生物的地球外殼稱爲生物圈，如果把地球比作一個蘋果，地球上的生物就只生長在如果皮一樣薄的地球表層，只有地球表層具有維持生命所必須的空氣、水與土壤。此外也可將地球的表層區分爲大氣圈、水圈和岩石圈。在地表三圈中適合生物生存的範圍即被稱爲生物圈或生態圈（ecosphere）（**圖1-1**）。

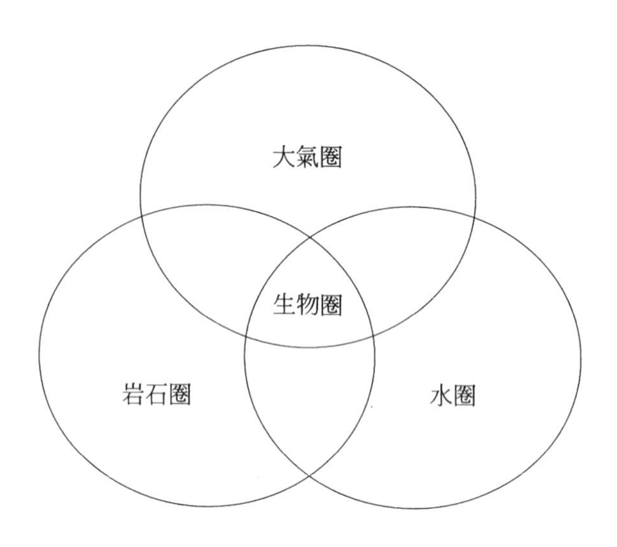

圖1-1　生物圈組成示意圖

若以較嚴謹的定義來說，生物圈的範圍從海面以下約十二公里的深處到地平面以上約二十三公里的高空，包括大氣圈的下層、岩石圈的上層與整個水圈與土圈。生物圈是一個自動運行、動態的系統，透過包括植物、動物、微生物在內多種生物集團的參加，並互相產生媒介作用，使得生物圈具有物質循環和能量流動的功能。由於物質與能量的不斷累積、交流傳遞與分布循環，形成生物圈的相對穩定性和可塑性。

生物圈本身應包括三個基本的成分。

1.生命性物質，如動物、微生物等。
2.生物性物質，由生命物質所製造的有機物，如植物、礦物、石油等。
3.生物性非生物物質，這是由生物有機體與非生物物質在自然界的交互作用之下而形成的，如大氣中的氣體成分、水等。

生物圈具有下列的三項特性：

■ **生物物種多樣性**

在地球上曾經出現過的物種約有二億五千萬，現在只剩下五百萬到一千萬種。目前被人類鑑定過的物種計有動物二百多萬種、植物三十多萬種、微生物十萬多種。還有許多仍未被人類發現的物種存在於地球上。

■ **不均衡性與不對稱性**

地球上水域與山系的分布不均衡，陸地上與海洋中的生物分布不均，陸地與海洋的分布不對稱。

■ **複雜性**

地形地貌、氣候的複雜性對生物圈內的生命性物質與非生物物質具有重大的影響力。

地球的生物圈是個古老、組成成分多、極其複雜、能調節生命物質與非生物物質的系統，它可以積聚能量再重新分配，並決定岩石圈、大氣圈與水圈的組成和動態。

（二）何謂生態系統

指在一定的時間與特定的地理環境中，生物群落（biocoenosis）與其所生存的環境間，經由不斷的物質循環、能量流動與信息傳遞的相互作用、相互依存，而構成有系統的生態體系，即稱為生態系統（ecosystem）（**圖1-2**）。簡單地說，生態系統可以解釋為生物群落與其生存環境所構成的綜合體，也就是生態系統

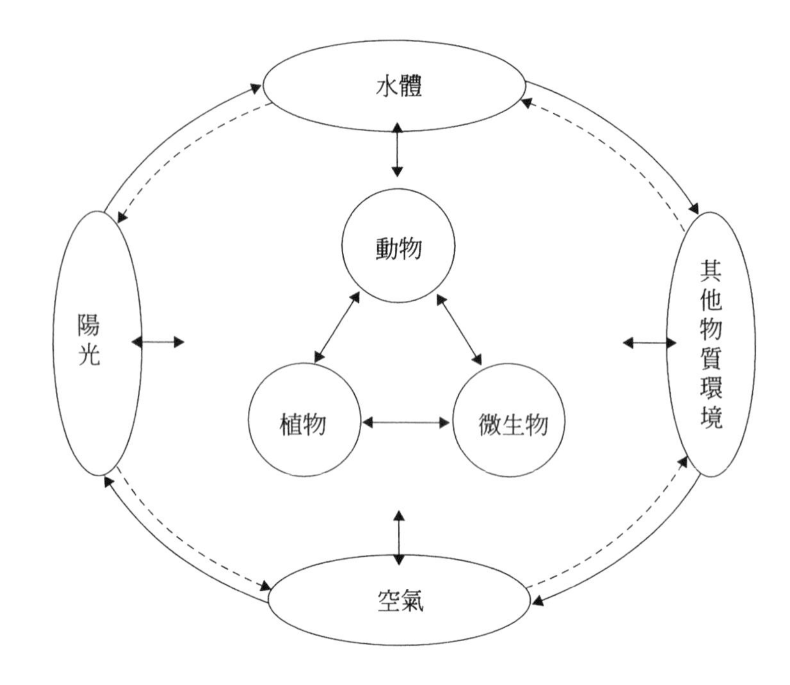

圖1-2　生態系統的組成

＝生物群落＋生物群落的生存環境。

生物的生存環境，是指生態系中生物生存的基礎，包括氣候因子，如溫度、太陽，及其他物質，如水、氧氣、二氧化碳等。

生物群落包括可進行光合作用製造養分的綠色植物（生產者），及必須依賴其他生物而生存的動物（消費者）與微生物（分解者）。植物是生態系中一切物質與能量的製造與儲存者，可說是生態系統的核心。

生態系統可說是一個廣泛的概念，可依據不同的角度有不同的分類方式，如根據環境條件與生物區位，地球表面可分爲陸地、海洋、淡水、島嶼等生態系統。陸地生態系統又可分爲森林、草原、荒漠、凍原等生態系統。森林生態系統又可分爲熱帶雨林、熱帶季風雨林、常年闊葉林、落葉闊葉林、針葉林等生態系統。如台灣位處於亞熱帶地區且中央山脈高聳其間，所以森林生態系涵蓋了海岸林、亞熱帶林、暖溫帶林、闊葉林、溫帶針闊葉混合林、冷溫帶林、亞高山針葉林、高山寒原等至少七種以上的之植生帶，生物多樣性極爲豐富。若按照人類活動與環境的干擾程度作分類，可分爲自然生態系統與人爲生態系統。人爲生態系統是指城市、工礦區、農田等生態系統。由此可知，存在世界上的各類生態系統，是由小而大彼此連結所構成之完整且複雜的生態綜合體，其具有持續發展的時間特性。

（三）生態系統的能量流動與物質循環

生態系統具有維持合理生物群落結構、生物與環境間調節適應的功能，生態系統的運行是透過食物網鏈（能量流動）與水、碳、氮與礦物質的物質循環而構成（圖1-3）。

生態系統的能量是透過食物鏈的關係，由一種生物轉移到另一種生物。綠色植物能用簡單的物質（二氧化碳與水）經由光合作用產生食物（碳水化合物）爲消費者所利用。消費者是以其他生物或有機物爲食的動物，牠們直接或間接以植物爲食物。動物依據其食性可分爲草食性動物與肉食性動物兩大類，草食性動物以植物爲食而獲取能量，草食性動物爲肉食性動物所食，這些以草食性動物爲食的肉食性動物稱爲一級肉食動物。又有一些肉食性動物以一級肉食性動物爲食物，此類肉食性動物即稱爲二級肉食動物，以此類推。雜食性消費者是介於草食性動物與肉食性動物之間，同時食用植物與動物。最後消費者與生產者死後都會被分解者（細菌、眞菌等）分解，也就是將複雜的有機分子轉化爲

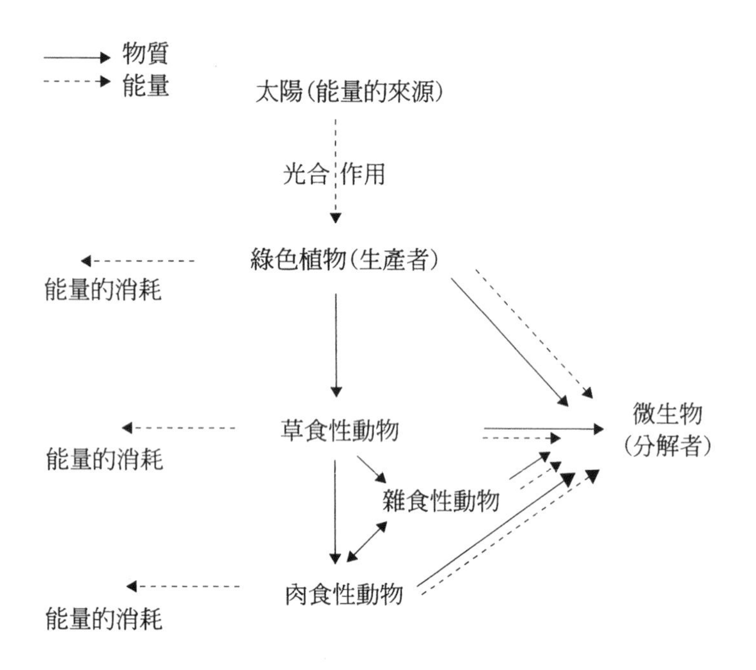

圖1-3　生態系統物質與能量代謝關係圖

簡單的無機化合物。分解者會將有機化合物經由光合作用所產生的能量分散或送回環境中。同時，生產者與消費者由於呼吸作用都有一定的能量損失，部分的能量會散逸到外界。這一能量單向轉移的現象叫作能量流動，而生物即透過攝食的過程取得維持生命所必須的能量。此外太陽能只能透過生產者，才能不斷地輸入到生態系統，轉化為化學能，即生物能，成為消費者和分解者生命活動中唯一的能源。

生態系統的物質循環反映在生物群落與環境之間的關係極為複雜。自然界中最基本的元素為氫、氮、碳和氧等，一切的生物包括人類都是由這些基本的元素所構成。生態系統中最主要的物質循環也就是水、碳、氮與氧的循環，在此簡單介紹水與碳循環

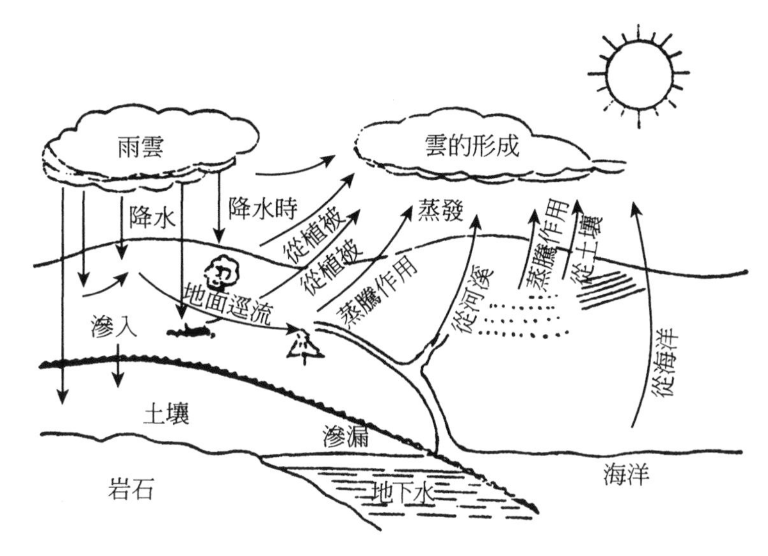

資料來源：《自然保護概論》，中華民國國家公園學會保育出版社，85年。

圖1-4　水循環示意圖

的過程。

水循環（**圖1-4**）爲海洋、湖泊與溪流中的水經蒸發成爲水蒸氣，再進入大氣層後遇冷凝結成雨、雪等降落到地面。降到地面上的水一部分會滲透到岩層成爲地下水，一部分會流入河流、湖泊，最後流入海洋中，另一部分會滲入土壤爲植物所吸收，而被植物所吸收的水除了少部分與植物體組織結合外，大部分的水仍會透過植物葉面蒸發而回到大氣中，動物所攝取的水分會經由蒸發、排泄和死亡後的分解而回到循環中。水循環是生態系統物質與能量循環的基礎，對所有生物生命的維持具有不可或缺的影響力，同時它還具有調節氣候與淨化大氣與環境的作用。

碳存在於生物有機體和無機體的循環中，是構成生物體的主要元素。碳循環（**圖1-5**）是從大氣中的二氧化碳開始，經由光合作用將二氧化碳和水反應成碳水化合物，同時釋放出氧氣進入

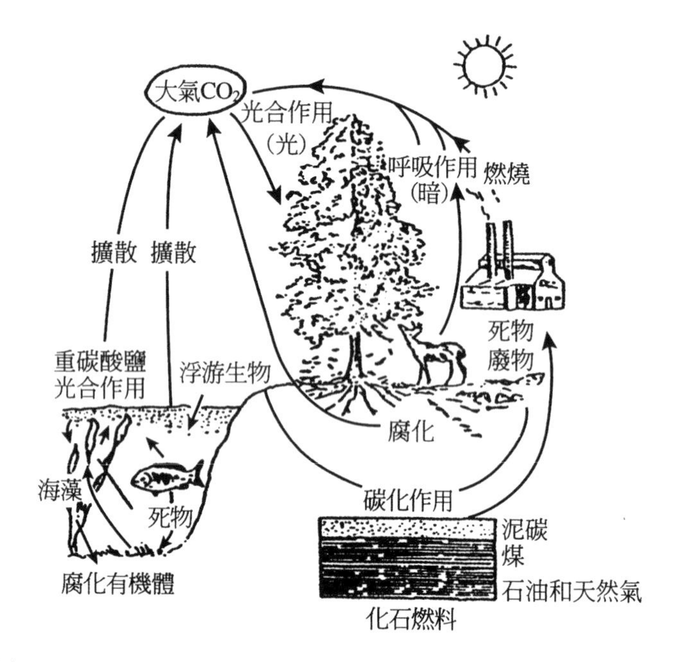

資料來源：《環境教育教學活體設計》，教育部環境保護小組，取自周光裕，79年。

圖1-5　碳在生態系統中的循環

大氣中，一部分碳水化合物會被生產者作爲能量而消耗，再分解出二氧化碳，另一部分被消費者所消耗或經由呼吸作用釋放出二氧化碳。植物和動物死亡後會被分解者所分解，屍體中的碳被氧化成二氧化碳和水再回到大氣中，在循環過程中分解者扮演著相當重要的角色。此外一些非生物性的二氧化碳釋放過程，如木材的燃燒、森林和建築物的火災等，也使二氧化碳返回大氣中。

地質中儲存的泥碳、煤、石油會因火山活動及人類的使用燃燒，而使得當中的碳成分被釋放到大氣與水中，其他如動物殘體形成的碳酸岩經風化與溶解、水生植物所釋放的碳酸鈣，皆具有同樣的效果。

二、生態平衡

首先我們必須了解到生態平衡是提供人類與生物生存的基礎。何謂生態平衡呢？生態系統中的重要份子——植物（生產者）、動物（消費者）和微生物（分解者），它們經常不斷地進行物質、能量、信息的交換和回饋，因而構成生態系統中物質循環和能量交流的代謝關係，再加上生物生存環境與其他條件的作用下，使生態系統呈現出合理的生態結構和自動調適的功能，如此一個穩定的關係與狀態，即所謂的生態平衡（ecological balance）。

生態平衡包括三個方面：

1.物質與能量循環結構的平衡。
2.各成分與因素間調節功能的平衡。
3.生態環境與生物間調節功能的平衡。

生態平衡會因爲生物群落間的相互競爭、排斥、共生、互生等交互關係的存在而有消長與演替的現象，使生態系統發生相對不平衡的狀態。自然界就是在這種平衡—失調—建立新平衡的過程中不斷的發展，所以生態平衡與不平衡的定律，啓示人們應該順應自然的生態發展而非以人爲的方式控制生態的發展。此外，人類必須合理的砍伐、放牧和捕殺，才不致使得生態系統過度失衡而破壞了自然的供需關係。

三、生態運行的法則

從以上所介紹生態平衡的觀點之中，可歸納出維持生態運行的自然法則如下：

（一）生態須保持動態平衡的穩定關係

地球生態系中的能量包括能源及礦物資源，它們的進出是保持動態平衡的。

整個生態系統必須同時具備生產者（植物）、消費者（動物）及分解者（微生物），使生物相互依存達到平衡。

（二）生物生長受環境承載的影響

地球上的資源與空間有限，環境有一定的承載量（carrying capacity），生態環境中每一種生物，都有其一定的生長條件，環境因子的改變會使生物的生存受到影響。因此每種生物族群不能超過其承載量，否則該生物數量就會自然的減少。

（三）萬物須和諧共存，人非萬物的主宰

人類僅僅只是生態系中的一份子，並非萬物的主宰者，生態平衡中，物物相關、相生相剋，人類必須與自然保持和諧的關係。

（四）合理使用才能維持生態平衡

人類過度的開發資源及使用資源都會造成生態體系破壞，進

而導致生態系的不平衡，最終危及人類的生存。因此維持生態的自然消長與演替，合理的使用自然資源是人類的責任。

四、生態與環境的關係

以生態學的觀點而言，環境可分爲非生物環境與生物環境。非生物環境包括：陽光、空氣、水分及各種無機元素。生物環境包括：植物、動物、微生物及其他一切有生命的物質。它們構成了人類與生物群體生存的客觀條件。

人類觀察自然，研究自然界的生態環境，了解到自然萬物與環境的運行，必須遵循著自然生態的規律，透過人類的觀察可歸納出生態與環境的關係分述如下：

（一）生態與環境密切相關

地球上的生物與環境中的資源，多少都有某些直接或間接的關係存在。所有環境中的生物與非生物因子都會彼此相互影響。

（二）生態的穩定循環需依賴環境的維持

地球上的環境會以平衡穩定的方式進行生態的演替。

（三）環境中的物質與能量交流傳遞

在大自然環境中來自太陽的輻射能，經過綠色植物行光合作用轉化爲化學能，物質能量在生態系中交流傳遞。

（四）環境中的生態系統彼此相依相存

動植物在食物鏈中彼此交互作用並相互依賴而得以生存。

（五）生態承載量受環境條件的限制

地球上任何生態系，均有其環境承載量的限制，生物僅在特定的時空條件下得以生存繁衍，也就是在特定的棲息環境之下，僅能承載有限量的生物族群分布。

五、生態與人類的互動關係

生態與人類具有密切的關係存在，其彼此間相輔相成缺一不可。生物資源是自然界中具有再生能力的有機資源，其數量可以經由成長及繁衍而增加，也可能因爲自然死亡或人類的影響而減少。人類的生活及一切活動均與生態資源息息相關。以下爲各類生態資源與人類關係的說明：

（一）野生動物與人類的關係

■野生動物是人類蛋白質來源

人類所需的能量除來自於生物體系外，有一大部分是仰賴農、林、漁、牧業的生產。儘管如此，動物仍是人類重要的蛋白質來源，除了以畜牧、養殖的方式來獲取各類動物肉品外，野生動物也是提供人類攝取蛋白質的重要來源，例如野生魚類及其他水生動物占人類攝食動物蛋白質的17％，占整個蛋白質攝取總量的6％。

對某些地區的居民來說，野生動物對其生存非常的重要，如非洲中南部的居民其所攝取的動物蛋白質中，就約有75％取自野生動物。野生動物可說是開發中國家賴以生存的一項重要資源。

另外海洋生物也是人類蛋白質的重要來源，對於食用的貢獻極大。目前已知可供人類食用的海洋動物與藻類就高達幾千種之多。

■ 野生動物是人類的遊憩資源之一

由於生活逐漸富裕，人類有更多空閒的時間去從事戶外遊憩活動，使得野生動植物的遊憩、觀賞價值也因而提升。所以野生動物在已開發及開發中國家早就是一項重要的遊憩資源。與野生動物有關的休閒活動包括釣魚、賞鳥、生態攝影、觀賞野生動物等。

■ 野生動物在人類民俗文化上具有特殊的象徵意義

對許多人而言，野生動物在各國的宗教、風俗文化上皆具有不同的象徵意義，而這些特殊的意義充實了人類的感情與精神生活。

（二）植物與人類的關係

■ 植物對人類具有直接的實用價值

森林與林地供給人類很多用途，例如由木材所製造成的紙漿可提供作爲紙張與人造絲等；木材可供人類建造房屋、製作家具等，也可提供果實、藥材、柴薪、飼料及遊憩等用途。此外，森林能維持當地及區域性氣候的正常運作，維護生態系統的穩定循環，對於糧食生產、人類健康及生物資源的永續發展都非常的重要。另外，許多的野生植物可以經過人工培育的方式成爲果樹、蔬菜、糧食或飼料供給人類食用或利用。

■維持生態平衡，保護人類生存的環境

植物資源除了可直接供給人類使用並維持人類生存外，它在維持自然環境的協調與平衡上扮演著相當重要的角色。例如森林生態系可以涵養水源、保護農田、保持水土、防風固沙、防治污染、淨化大氣等。在維持環境的穩定上具有重大的功能，這些價值皆遠超過直接產品的價值。

（三）遺傳因子多樣化與人類的關係

■具有育種的重要性

遺傳因子的多樣性對於改善農業、林業及漁業生產，增加產量或改良品種有相當大的幫助。人工培育的農產品、樹木、家畜、養殖魚類、微生物以及它們的遺傳基因，對於未來的育種或品種改良都非常的重要。

不斷地育種可以使得農作物對土壤與氣候的適應力增加，也可以增加農產品的產量、營養的價值，以及抵抗病蟲害的能力。

■提供人類醫藥功能

遺傳多樣性對於保存物種提供醫療研究，或保護若干藥材提供醫藥上的用途有重大貢獻。如利用動物來進行藥物的臨床實驗，某些植物或野生動物身上的化學物質已被證實對人類疾病有幫助。如熱帶雨林中的美登木、稞實、嘉蘭等能提取抗癌的藥物；如羅芙木、毛冬青等可以防治高血壓。

第三節　生態保育的目的

了解生態環境的組成與運行法則，以及生態、環境與人類之間的關係後，在本節中將依階段性原則，分別說明生態保育的近程與遠程目的。

一、近程目的

多年來，國人一直沉醉在「台灣經濟奇蹟」的讚嘆聲中，且不時以經濟的快速成長自居，然而在驕傲、自豪的同時，我們卻忽略了收穫背後所付出的沉重代價。舉凡山坡地、林地的濫墾濫伐，自然景觀的任意破壞，野生動植物的濫捕濫殺，有限資源的任意享用，公害污染事件的日益擴大等，都已經嚴重的影響社會大眾的身心健康與生活品質。

因此，唯有全民建立生態保育的正確觀念並達成相當的共識，生態保育的工作才能順利的推展，進而達成生態保育的近程目的。

(一) 減少環境的惡化，維持人類及萬物的生存

爲維持生態平衡與清新的生存空間，改善環境的持續惡化情況已是當務之急。爲使人類享有安全、健康、富饒、舒適的生活環境，提升生活品質，並維持自然生態的永續發展，人類應激發對其所處環境的認同感，進一步地共同爲地球環境的維護付出心

力。地球上的人類與其生存的環境，以及環境中的所有生物都息息相關，因此維持自然生態的平衡，才能維繫人類的生存與繁榮。

（二）為未來監管自然生態環境

自然生態保育工作是以全體人類未來長遠的福祉爲目標，且各世代都有爲其下一代監管環境的責任。因此應盡力維護具歧異性與變化性且可提供人類生存的環境，保持生態環境中物種的多樣性，才能維持自然環境的穩定與平衡。

（三）開發與使用調和，維持國家的進步繁榮

保育兼具有保護及合理使用的雙重意義，而非只知建設和開發卻不知維護，故自然保育是在保護自然資源的前提下，作有計畫的經營使用，以維持國家經濟的進步與繁榮。

（四） 提供觀光遊憩資源

保有豐富的自然環境可維持生態體系與優美的景觀資源，除可提供國民強身健心的遊憩場所外，並有助於國家觀光事業的發展。

二、遠程目的

生態保育的三大遠程目的，主要是要持續的維持自然生態的平衡、保護遺傳的多樣性及保障生態體系的永續發展，詳細說明如下：

（一）維持自然生態的平衡

維護自然生態平衡，首先要維持土壤的再生能力，並保護各種生態體系內養分的循環使用。此外，必須保持水資源的正常循環和淨化，以維護基本的生態過程和賴以生存的生態系統，如此人類才能獲得生存與發展的條件。

以下舉例說明農業生態系統未受保護而破壞失衡的現象。農業生態系的生產力，不僅需依賴土壤所具有的養分來維持，同時也有賴於益蟲與其他動物棲息地的保護，如傳播花粉的動物、害蟲的天敵與寄生動物等。但是大量的使用殺蟲劑已經傷害到其他不在防治範圍內的物種。全世界優良的農耕地都已被開發利用，有許多良田因興建建築物而永遠無法再提供農業使用。此外，若土地侵蝕仍然以目前的速度繼續下去，那麼全世界將近三分之一的可耕地將會在今後二十年間遭受破壞。

（二）保護遺傳的多樣性

科學研究證明，多種多樣的物種是生態系統中不可缺少的一部分，生態系統中生物彼此之間、生物與非生物之間的物質循環、能量流動、信息傳遞，存在著相互依賴、相互制約的關係。當生態系統喪失某些物種時，就有可能導致整個系統的破壞。因此，保護遺傳物質的多樣性，不僅可以緩衝人類對環境的傷害，也是持續改進農、林、漁、牧業生產所需要的手段。

我們至今仍然無法完全了解各種生物對我們的益處，但未來它們卻很可能會成爲醫療上的藥劑等重要產品。因此基於人類長期的利益，應該確保所有物種的生存。世界上的植物與動物只有極少數曾被做過醫藥及其他藥物價值的研究，但現代醫藥對物種依賴甚重，現在顯得無關緊要的物種，未來都有可能突然變成有用的物質。因此保存遺傳物種的多樣性對保障糧食及若干藥材的供應、對促進科學進步與工業革新等方面實屬必要。

（三）保障生態系統的永續發展

隨著社會經濟對資源的需求量越來越大，生態系統和物種的永續利用問題也越來越重要。要保證資源的永續利用，必須對自然做好保護與管理的工作，維護生態系統中物質和能量的正常運作。只有做到永續發展自然資源，才能從這些資源中獲得長遠的利益。資源的保護、利用、繁殖與發展，關係著生產發展的速度和長遠的經濟利益，更關係到人類未來的生存與幸福，因此確保資源的永續發展已成為今日自然保育的重要目標。

既然大家都知道開發和使用自然環境無可避免，就應該在開發、經營、使用與管理的過程中，了解並重視自然平衡的觀念，以及每樣生物都具有其特殊的功能與扮演的角色，才能減低對自然環境破壞的程度。目前生態保育在全球已成為一個相當重要的課題，各國無不致力於發展生態環境的保育工作，對自然資源做適度、合理的經營管理，以達到人與自然共生、共存的目的。

第四節　生態資源的保育

介紹生態保育的概念與生態環境的組成及保育目的之後，擬依照生態環境中資源本身存在的狀態，說明生態資源的保護觀念與作法，以使得生態資源能夠得到適當、適時的保護。

此處所說明的生態資源保育，是從資源本身存在的狀態作爲保育的分類，並挑選與人有切身關係的資源，如野生植物保護、森林資源保護、野生動物保護、土地資源保護、水資源保護及海洋資源保護等六個部分爲各位作說明。

一、野生植物保護

自然生態系中唯一可以利用太陽能量的是植物，它可使簡單的物質轉變爲複雜的有機物質，可說是大自然的生產者。世界上其他的生物都直接或間接地仰賴植物而生活。全世界植物約有三十萬種，每一種植物都有它獨特的型態、生理上的特徵及獨一無二的遺傳因子，有些植物種類廣泛分布於全球各地，有些種類卻只生長於一個狹窄的區域內。

不論對人類有無直接的用途或者害處，植物可說是一切生物生存的根源，對於生態平衡有重要的功能與價值，因此在生態資源的保育中，必須優先被保護。

二、森林資源保護

森林是由各種樹木、灌木、草類、野生動物、菌類、節肢動物如昆蟲，以及種類大小不同的無脊椎與脊椎動物等生物，以及環境中的水、氧氣、二氧化碳、礦物質與有機物質相互作用而形成的複合體。簡言之，就是以樹木爲優勢種的植物群落，爲林木與林地的綜合體。由於森林會受環境因素的影響，在不同環境情況下會形成不同的森林，但各種森林皆具有共同之生態特性。兼具有景觀、涵養水源、保持水土、防風固沙、調節氣候、保存生物物種多樣化、維持生態平衡等多方面的功能。

森林過量的開墾、採伐會造成森林面積的不斷減少，如熱帶雨林每年正以一千七百萬公頃的速度消失，對自然生態平衡的危害很大，因此森林的保育應做到：

1.有計畫的造林、育林以調節水源、涵養水量。
2.鼓勵森林的保育，禁止有害的耕作習慣如火耕，並減少採伐。
3.確實執行對保安林的管理。
4.對木材營業交易進行管制。
5.保護森林免受蟲害、污染、火災等的危害。

三、野生動物保護

依野生動物保育法第三條的定義：「野生動物指非經人工飼養、繁殖的哺乳類、兩棲類、爬蟲類、鳥類、魚類、昆蟲及其他種類的動物。」在這個定義之下，除了人類飼養的寵物、家禽、家畜以外，我們周遭所有曾經看過或未曾看過、熟悉或陌生的、有害或有益的動物，都可以稱爲野生動物。

從前人們認爲野生動物並不歸屬任何人，捕獲者即擁有其所有權，並且認爲有害的動物應加以捕殺或驅逐，有益的動物應加以飼養、繁殖。現代的生態保育則採取不同的觀點，基本上視野生動物爲「共有物」，既然是共有，則不論其爲全體國民所有、社會全體所有或是國家所有，個人均不得獨占私有。

保護野生動物具有兼顧自然文化、資產保存、生物資源永續利用的功能，且可提升國民的精神，促進醫學、科學研究、教育與經濟發展多元化的目標。

保護野生動物可從下列幾方面進行：

1.設立保護區並對區內的野生動物加以保護管理。
2.制定野生動物保育法並徹底執行相關法令。
3.推廣野生動物保育的工作。

四、土地資源保護

土地是地球陸地的表層。它是人類賴以生存和發展的基礎與環境條件，是生產活動中最基本的生產條件，也是植物生長發育和動物棲息及繁衍後代的場所，因此土地可以說是生態系的綜合體。

談到土地資源保育，應考慮土地的空間區位及其立地條件，並全面的評估可能的保育與使用方法，然後做最佳的選擇。以保育為優先再實施利用，才能達成環境保育的最終目的。

對土地資源保育方面，應積極的進行下列的工作。

1.做好土地資源的調查和規劃工作，這也是合理開發使用土地的基礎與前提。
2.加強進行地籍管理、監測與預報等土地管理工作。
3.整體考慮土地資源的使用問題，確實做好規劃並實施管制。

4.防止土地的污染與破壞並提高土地利用效率，將有限的土地作有效的利用。

5.加強土地資源保育的教育與宣導工作。

五、水資源保護

水資源與人類的經濟活動有密切的關係，如工業、農業、養殖漁業、都市發展、運輸、水力發電、休閒和其他活動都要使用到水資源。水資源可說是人類賴以生存的根本。從過去到現在，人類因爲工業、農業活動等的需要，對於淡水資源的利用不斷的倍增，水體的污染與淡水的耗費使得水資源逐漸枯竭。如今我們必須儘可能利用科學的方法，一方面避免水污染的擴大，一方面促進水資源的再生利用，以確保人類的永續生存。

有效保護水資源的方法如下：

1.減少水污染，以符合環保的方式進行廢水回收再利用的工作。

2.立法保護乾淨的淡水來源、水質及淡水生態系統，宣導推廣水源環境的保護。

3.開發新的淡水來源，如海水淡化、人工補充地下水等。

4.鼓勵研發節水設備或節約用水的辦法。

台灣的平均降雨量爲二千五百一十公厘，若以本島面積三千六百公頃計算，年降雨總量爲九百零四億立方公尺。其中經地面蒸散至空中的有一百八十九億立方公尺，占年降雨總量的21％，滲入地下成爲地下水的約有四十億立方公尺，占年降雨總量的4％，成爲河流逕流約六百七十五億立方公尺，占年降雨總量的75％。由於逕流率高達75％，造成台灣在水資源保育上先天性的缺陷（**表1-1**）。隨著工業化，工業用水每年需要二十億立方公尺，民生用水每年亦高達二十五億立方公尺，而養殖畜牧用水爲三十二億立方公尺，灌溉用水一百零四億立方公尺，總共達一百八十一億立方公尺，占年降雨量20％（**表1-2**），總用水量仍逐年增加當中。改進方法，雖然可透過興建多目標的水庫，但其功效有一定的限度，且容易破壞溪流的生態體系。因此防止水資源流失的最根本辦法，就是依靠森林來達到水資源保育的效果，並改善浪費水資源的問題，目前台灣對於水資源保育的作法如下：

1.增加森林的覆蓋面積加強造林，減少伐木，使森林覆蓋面積年年增加，保持蓄水量的供應。

表1-1　台灣降雨量之流失分布狀況

自然流失	流失量（立方公尺）	所占百分比
地面蒸發	189億	21％
滲透成爲地下水	40億	4％
河流逕流	675億	75％
年降雨總量	904億	100％

表1-2　台灣用水分布狀況

用水類別	用水量（立方公尺）	所占百分比
工業用水	20億	11％
民生用水	25億	14％
灌溉用水	104億	57％
畜牧、養殖用水	32億	18％
總消耗量	181億	100％

2.河川兩岸設立保護林帶。全島主、次要溪流兩岸各五十公尺，畫定爲保護林帶，面積三萬六千九百零三公頃。嚴格禁止在保護林帶內砍伐林木，以期增加水量、水質，加強水土保持功能。

3.嚴禁超抽地下水，加強工業廢水的回收與循環再利用，積極地改善民生用水輸水系統的漏水問題。

六、海洋資源保護

海洋占地球表面積的71％，在人類的食物來源當中，海洋生物具有舉足輕重的地位。此外，海洋尚蘊藏豐富的礦物資源如石油、石油氣、重金屬等，以及可利用潮汐、溫差所產生的能源資源。然而由於船舶的油料污染、工業及其他廢棄物的傾倒，以及海床探勘與開發而造成的外洩，使海洋的污染問題日益嚴重。因此爲維護海洋資源，避免海洋環境持續的惡化，應採取以下的幾項基本的保護措施：

1.設立廢水處理場並研擬廢水排放準則，以避免影響海中魚貝類、水體和海藻的生長。尋求替代陸地廢棄物往海洋傾倒的垃圾處理方式。

2.加強防範船舶的非法傾倒行爲以及油料的外洩，減少船隻防鏽塗料中的有機化學品造成污染，並確立符合運送危險物質的國際管理規定。

3.對於外海的石油與天然氣開採作業予以規範，加強石油或化學品外洩的緊急應變計畫。

4.建立海洋污染與海洋資源監測系統，對敏感、稀有的生態環境區域加強防範污染並加以保護，宣導選擇性的魚捕作業，減少捕捉目標群以外的魚類，對於瀕臨絕種的海洋生物禁止捕殺，並鼓勵水產養殖技術的開發。

第二章　生態環境面臨的問題

✔生態問題的產生
✔環境的污染
✔生態環境的失調
✔資源耗竭的危機

人口的增加與人類的奢侈浪費使得資源因過度的利用而消耗。開發與消費所帶來的各種污染、公害與資源耗竭破壞了生態體系自淨的能力與動態的平衡關係。人類開始深刻地感覺到人口膨脹、環境污染、生態失調、資源銳減、生活品質下降等問題的嚴重性。本章擬就因人口增長與消費所產生的各種生態環境問題，在以下各節中作說明。

第一節　生態問題的產生

生態問題產生的最根本原因在於世界人口的逐漸增加，以及經濟迅速的成長發展。因此了解人口膨脹與經濟發展對生態環境的影響，將有助於認識種種生態問題的前因後果，促進生態保育觀念的建立。

一、人口的快速成長

從生態學的觀點而言，人類在生態圈中必須依賴其他生物而生存，但人口成長的速度若超過生態環境所能承載的限度，就會影響到未來人類的存續，然而不爭的事實是世界的人口的確不斷地在增加。

公元前八〇〇〇年時，全世界的總人口還不到五百萬，公元元年世界人口成長到二億，西元一六〇〇年文藝復興時代爲五億。從工業革命開始，世界人口進入了迅速增加的時代。西元一九〇〇年人口數約爲十六億，西元一九三〇年時人口數達二十億，西元一九八〇年時已達四十五億，現在世界總人口數已突破五十億大關。預計到了二〇〇〇年將增加至六十五億。另根據美國人口普查局的最新報告指出，到了二〇二六年，世界總人口將增加到八十億，二〇五〇年將達九十三億（**圖2-1**），世界人口增加正接近地球所能承受的臨界點。

隨著人口增加勢必要增加糧食、開闢水源、拓荒建屋等，當開發不當時就會造成自然生態的破壞。此外，工商經濟生產需求的提高，使得生產所產生的廢棄物驟增，造成嚴重的污染。如此生態環境的破壞與污染將使生物、人類生存的生態圈發生危機。人類污染所導致資源的消耗與環境的破壞難以再生，將使得人類的生存面臨嚴重考驗。

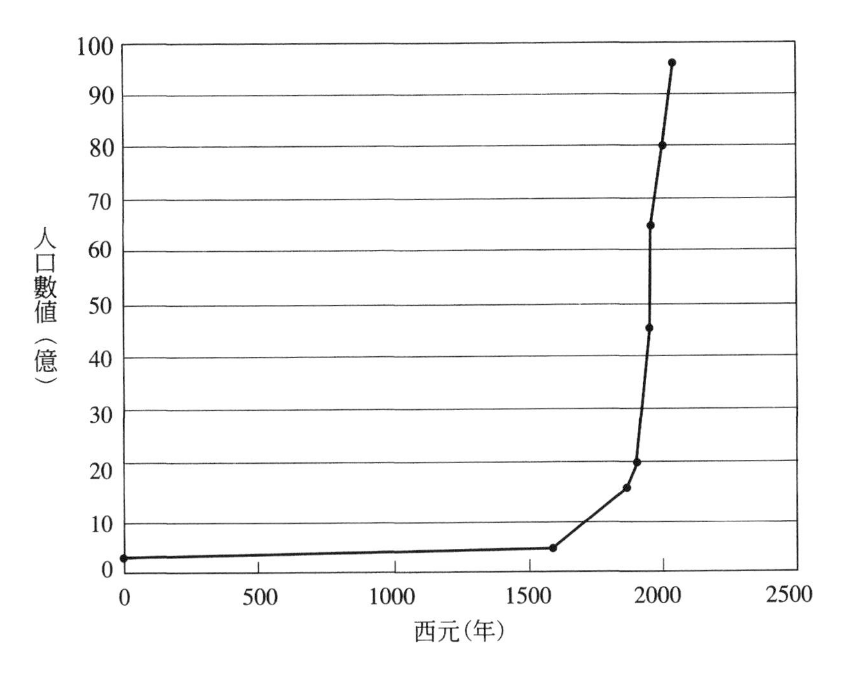

註：西元2000年後之人口數為預測值。

圖2-1　世界人口成長圖

二、經濟發展與生態環境的衝突

隨著工業的發展、新技術與新能源的開發，加速了經濟的快速發展，同時也帶給生態環境嚴重的影響。經濟技術的發展會加速生態環境破壞，主要是因爲人們相信經濟會提高國民生產總值，進而提升生活的水準。然而卻沒有想到努力發展經濟的結果，會對生態系統產生破壞，導致生態的失衡，最終影響到經濟的成長。

經濟的開發與利用雖然提高了國民生產總額，便利了人類的生活，但這並不能完全代表一個國家或社會的進步。因爲經濟生產所造成的環境污染使得人類必須花費更多的心力與投資來從事環境治理的工作。整治環境污染的投資花費雖然提高了國民生產總額，實際上卻沒有增加社會的財富和福利，反而更加說明環境污染所必須付出的成本可能遠勝於經濟的成長進步。

經濟學是講求資源合理分配的科學，如果不能有效且合理的分配資源，必然會引起資源浪費與經濟成長衰退的危機。人口劇增所帶來的過度需求和無計畫性的不當開發，使得支持人類生存的資源體系如耕地、農牧、森林、漁業等，正遭受到急速破壞的問題。假使經濟成長所產生之不可再生資源嚴重流失的壓力得不到紓緩，不但會影響經濟本身的發展，也將危及到人類的生存。

第二節　環境的污染

人類或自然因素所造成環境品質的下降或破壞稱之爲環境問題。環境中受污染的物質和數量超過環境的自淨能力，進而威脅人類生產和生活的環境病態現象，可稱爲環境污染。環境問題產生的原因主要是由於人爲因素所造成的環境污染與生態破壞。

由於二次世界大戰後工業生產力和科學技術的快速進步，人口劇烈增加，大量的工業廢水、廢氣、廢棄物等所引起的環境污染日益增多。

根據估計，全世界每年排入環境的固體廢物超過三十萬噸，有毒的一氧化碳和二氧化碳就將近四萬噸。大量的廢棄物進入環境後，使得大氣和水體的組成起了變化，進而影響地球生物與人類的正常生活。科學實驗證明，一定含量的二氧化碳對地球氣候具有調節作用，但如果它在大氣中的含量繼續增加，勢必引起全世界的氣候異常，也會引起嚴重的水體污染。除上述環境污染發生的因果關係介紹外，本節將讓大家了解與各位切身的污染問題，如空氣污染、水體污染、工業污染、技術發展的污染、垃圾污染與酸雨問題，及其對地球環境可能造成的影響及傷害。

一、空氣污染

（一）空氣污染的來源

空氣污染在十九世紀開始出現，因爲工業革命之後，工業迅速發展，加上當時的社會僅重視製造業的大量生產，忽視了製造過程中由於燃燒煤與石油所產生的廢氣，因而在過去曾經導致了一些區域性的氣體污染。

（二）空氣污染事件

1.在一八九一年、一八九二年、一九五二年英國倫敦上空曾多次發生煙塵與二氧化硫含量很高的毒霧，造成倫敦四千名居民死亡，其中多爲老人與幼童，二萬餘人因而罹患呼吸器官的疾病，爲有史以來最大的空氣污染事件。

2.美國最嚴重的空氣污染是一九四八年十月在賓州 Donora City 連續五天的煤炭煙霧，造成二十人死於肺病，五千九百多人臥病。一九三〇年在比利時的一個工業區，也曾出現過嚴重的空氣污染。

過去儘管空氣污染事件頻頻發生，但由於當時工業規模不算太大，世界人口還不算太多，人類活動對生態環境的影響還只是局部性的。但現今空氣污染卻有越來越嚴重的趨勢，且對人體健康產生嚴重的危害。

（三）空氣污染對人體的危害

荷蘭曾經調查城市人口的數量與肺癌發病率之間的關係，發現五十萬人口的城市中肺癌發病率比一般疾病高一倍。在英國十萬人口以上的城市其肺癌死亡率比農村高出一倍。此外，空氣污染是引起居民急性中毒、慢性中毒與誘發疾病、致癌的因素之一。空氣污染對呼吸道黏膜或眼結膜也會產生刺激的作用，如在台灣許多慢性呼吸道疾病都是因爲空氣品質太差而造成的。

二、水體污染

（一）水體污染的原因

近年來海洋會變成傾倒所有生產殘渣的巨大垃圾場，是因爲海洋運輸、海底油井鑽探、事故漏油、傾倒廢棄物包括放射性物質的傾洩而造成。據統計，每年排入大海的石油及石油製品就高達五百多萬噸，嚴重污染海洋與海灘。在許多國家淡水污染的程度也很嚴重，因污染使得淡水湖泊水體中的氫粒子濃度增加而造成魚產量大幅下降的案例層出不窮。如萊茵河可能是歐洲污染最嚴重的河流，其下游的微生物含量高達十萬至二十萬個之多。

（二）水體污染的影響

據估計，大氣層中的氧氣有四分之一是海洋浮游生物在光合作用下產生的，它們一旦因爲海洋污染而遭受損害，勢必影響到全球含氧量的平衡。海洋的污染也會使海洋生物的生存受到威脅，更值得擔心的是牡蠣、貝類及其他供人類食用的魚類，將不再適合食用。污染的結果使得海洋食物鏈遭受破壞，魚類資源大爲減少。在淡水污染嚴重的地區由於缺水，加上大量未經處理的廢水流入溪流中，使得溪流與湖泊中生物銳減，也破壞了河川的生態系。

三、工業污染

（一）工業污染的來源

工業污染是造成生態環境破壞的一大原因，而工業污染往往源自於高度發展的工業技術。根據統計資料顯示，大氣中的污染物包括各式各樣的有毒氣體（如二氧化碳、硫、氯、氮等），其中60％是來自於汽車的廢氣，以及因工業生產燃燒煤與石油所產生的廢氣。其他工業污染來源尚有冷媒設備的製造、發泡洗潔劑、飛機及其製造過程所產生的廢氣。

（二）工業污染的影響

工業污染最嚴重的影響就是臭氧層的破壞。在十萬到五十萬公里高空的平流層中，有一稀薄的臭氧層。臭氧層對陸地與生物具有保護的作用，它可阻擋過多的太陽紫外線照射到地球表面。

造成臭氧層破壞的物質，也是工業污染中最嚴重的問題，就是氟氯碳化物的產生。這種碳化物廣泛地被用於冰箱、冷凍庫、室內空調、噴霧劑等方面。大量排放的氟氯碳化物在低空中迅速分解，在高空中與臭氧化合，奪去臭氧中的氧分子，使其變成純氧，造成了高空臭氧層的破壞。氟氯碳化物對大氣的污染和臭氧層的耗損，可能擾亂動植物的生長，降低人和動物的免疫功能，破壞生物食物鏈，直接危及人和生物的健康與生存。因爲臭氧層的臭氧減少10％，地面紫外線約增加2％。地面紫外線的增加使得葉面光合作用減少、植物矮小、種子品質差、病蟲害活躍、海洋浮游生物減少、魚與爬蟲類的卵孵化困難。此外，強烈的紫外線照射會引起白血球過多症、白內障甚至灼瞎眼睛，如阿根廷就有許多瞎眼的兔子。根據統計，臭氧層遭受破壞的地區，當地居民罹患皮膚癌的機率明顯增加。氟氯碳化物污染的另一嚴重問題是會造成大氣溫度上升，產生溫室效應，使地球環境日益惡化。

四、科學技術發展的污染

（一）科技發展產生的問題

技術污染是近二十年來出現的一個新問題，多數人認爲科學技術的發展不會產生污染，但現在的高技術實驗和產業所使用的技術都有可能產生污染問題。如殺蟲劑的發明，多年來人們都認爲殺蟲劑能解決有害昆蟲活動的問題。發明殺蟲劑的大多數化學家，也沒有估計到大規模使用它的後果。殺蟲劑的使用會消滅很多有害與無害的動植物，且其毒素將會在生態系統中殘留累積長達好幾年。

如現在的太陽能抽水、水利工程、漁業捕撈技術、太空計畫及核能應用等一系列新技術成果，都可能會干擾氣候、誘發地震，甚至帶來嚴重的生態破壞和污染的問題。

現在生物技術使用遺傳基因，培養出對人有利的新生物品種，但這些新生物一旦被投放到新環境，則可能因爲新生物在新環境中沒有天敵，而導致新生物的大量繁殖，益蟲反成害蟲，更增加自然生態破壞的複雜性。

（二）污染實例

■ 蘇聯車諾比核電廠爆炸

蘇聯曾發生車諾比核電廠爆炸事件，使得核放射物質飄浮到整個歐洲，亞洲的多數地區也受到影響。據美國報導，核污染所產生有害的影響可以長達三十年至三十五年之久。放射性元素累積在體內，除有致癌的危險外，還會造成體內細胞的突變，甚至產生先天性畸型的後代。

■ 埃及亞斯文大壩對生態系的影響

埃及在尼羅河上游建立了亞斯文大壩，大壩把河流的沈積淤泥擋在壩後，因而造成農田貧瘠。水壩使尼羅河注入地中海的淡水減少，增加了海水的含鹽量；海洋生物因而減少，也破壞了埃及的沙丁魚漁場。大壩周圍灌渠增多，引起蝸牛成災並散播可怕的吸血蟲病，這些生態問題想必是當初建造者所沒有料想到的。

■ 殺蟲藥劑的污染

在美國，曾以DDT來防治有害昆蟲，有一部分的藥劑進入土壤，並被蚯蚓吸收。吃了蚯蚓的鳥類因麻痺而死亡，其死亡率達80％，人類可能也避免不了有中毒之虞。

五、垃圾污染

人們廢棄不用的固體物質稱爲固體廢棄物（solid waste），即一般所謂的垃圾，其來源包括日常生活中使用的包裝及容器、家電、家具、報廢之汽機車與廢輪胎、家禽家畜所產生的動物糞便以及工業廢棄物，其他如建築廢土及使用農藥所產生的廢棄物等，皆會對環境造成不小的衝擊。此外，廢棄物若處置不當易產生二次公害，如寶特瓶、塑膠袋焚燒時會產生有毒氣體，造成空氣污染。廢棄物中若含有毒化學物質，隨雨水沖刷、滲透，流入河川或滲入地下水層會造成水質污染，滲入土壤則造成土壤污染。垃圾中的有機物質易孳生蚊蠅、老鼠等病媒傳染疾病，影響環境的衛生且危害人體的健康。所以廢棄物的有效管理與處理，對大家的生活環境與自然生態息息相關。據估計，全球一年所產生的垃圾將近一百億噸，其中發展國家占有很大的比例，主要是因爲其高消費的生活方式使得城市垃圾氾濫成災，垃圾污染事件日增。此外，世界上還有許多國家其處理垃圾的能力遠不及垃圾的增加量，使得垃圾污染的問題成了許多國家最棘手的環境問題。

六、酸雨問題

過去的學者專家將酸鹼度（pH 值）低於 5.6 的濕性酸沉降稱之爲酸雨（acid rain）。近十多年來，酸雨已成爲十分嚴重的威脅。酸雨主要是煤、汽車燃料和金屬冶煉排放的氮氧化物和硫氧

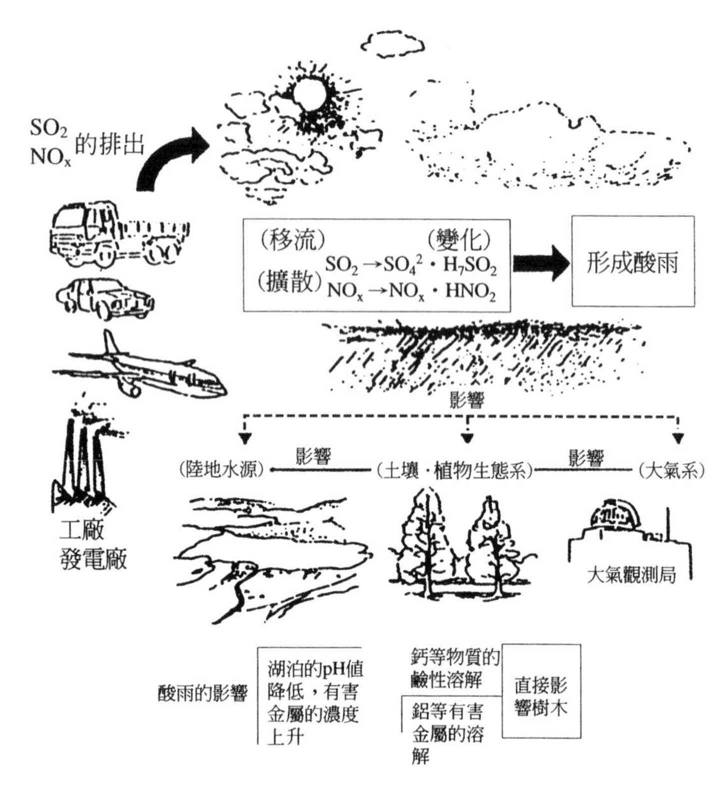

資料來源：《環境教育教學活動設計》，教育部環境保護小組，取自於幼華，79年。

圖2-2　酸雨形成圖

化物所產生的（圖2-2）。大氣中大量的硫氧化物和氮氧化物經風的傳送，隨雨水降落，造成淡水酸度上升，引發對大氣、水體和生物等生態環境的污染。目前世界上主要的酸雨區爲西北歐的斯堪的那維亞半島南部、捷克、波蘭、德國、美國東部與加拿大東南部，以及中國四川、貴州一帶。

酸雨對生態的影響包括湖泊酸性化，使得魚類的繁殖與生長受影響，當酸鹼度爲6.0時，需要鈣生長的貝殼類就難以生存，鮭科魚類與浮游生物會最先死亡。在瑞典有八萬五千個酸化湖泊，其中四千五百個沒有魚類生存，加拿大也有四千個湖泊沒有魚類。酸雨也會對森林產生破壞，使植物枯萎或死亡，如四川大量的馬尾松與冷杉的死亡。酸雨還會嚴重的腐蝕建築物、古蹟、工業設備，並損害人體健康。

在台灣酸雨最嚴重的地區發生在北部都會區，其酸鹼值最低，平均爲4.54。換言之，在每一次的降雨事件中約有80％的機會均爲酸雨。其次，在南部的小港地區酸鹼值爲4.76，接近北部的水準，酸雨發生的機率高達74％。值得注意的是酸雨問題並非單純的局部性問題，因爲污染物會隨氣流進行跨國性的傳送，如鄰近國家日、韓與大陸的工業活動，都會增加台灣酸雨的發生率。因此爲防治酸雨，除對污染源加以控制外，應與鄰近各國共商解決污染物傳送的問題。

第三節　生態環境的失調

生態問題早在古代就曾出現過，曾是人類文明發祥地的兩河流域和黃河流域，由於毀林墾荒，造成嚴重的土石流失，使無數的良田變成瘠土，但是眞正的生態失調是出現在現代的工業社會。在生態環境失調的問題方面，最嚴重的莫過於地球溫度不斷的上升，溫室效應持續加劇。其他如土地的沙漠化、海洋資源枯竭與棲地破壞等，都逐漸地破壞生態的平衡狀態，帶來生態體系與人類生存的危機。

一、溫室效應及其影響

（一）溫室效應

「溫室效應」（greenhouse effect）是由於大氣中二氧化碳、甲烷等物質的濃度增加並聚集於平流層，影響地球輻射能之散失而引起全球氣溫升高的現象。由於人類活動特別是工業燃燒化石燃料的迅速增加，使得排入大氣的二氧化碳濃度明顯地增加，干擾和破壞固有的平衡。

另一方面溫室效應被形容是由有害氣體所形成的一個透明罩子，把地球表面的熱量阻隔在大氣層內，使熱量難以散發，從而造成全球性的氣候變暖及一系列的生態失調問題。

（二）溫室效應的影響

■ 氣溫上升

全球平均溫度自二十世紀初至今約增加0.5℃，八〇年代以後全球的氣溫明顯的上升，平均氣溫達到一百三十年來的最高溫。氣象科學預測，今後幾十年內，全球平均氣溫可能上升1.5℃至4.5℃，升高的速度爲過去一百年內的五倍至十倍，預計若氣溫仍持續上升，在二十一世紀將會出現異常惡劣的天氣。

■ 對人類生存產生威脅

據研究報告顯示，地球氣溫平均提高1.5℃至4.5℃，對水資源、海平面、農業、森林、生物、物種、空氣品質、人類健康、城市建設及電力供應都會產生一系列重大的影響，進而對世界經濟造成威脅。同時，溫室效應還會造成蟲害、風害及洪水災害，使得冰山融化、海水上升、海岸線後退，甚至有些海洋小國和島嶼會面臨沉落海底的威脅。

二、沙漠化

沙漠化是當代生態危機之一，由於人類不當的開發使得土地逐漸貧瘠成爲沙漠，以致喪失了許多可供人類生存的土地。

（一）沙漠化的原因

土地沙漠化是一種土地退化的現象。造成土地沙漠化的原因除了溫室效應、全球氣候變遷等大環境的天然因素外，人類不合理的開發活動如過度放牧、砍伐森林，加上不斷地增加家畜的圈養，破壞牧場的植被與原有的生態平衡，都會使草原生產能力下降，導致土地退化爲沙漠。此外，森林被大量砍伐，森林調節氣候的功能下降，涵養水源的功能消失，生產力下降甚至完全喪失也會使得生態環境趨於惡化，並加快沙漠化的過程，使土地不再適合人類生存。

（二）沙漠化的現況

據估計，地球上有35％約四十五億公頃的土地有不同程度的沙漠化問題。全世界有九十一個國家的土地處於沙漠化的危險處境。現在世界上每分鐘就有十公頃的土地沙漠化，到二〇〇〇年世界沙漠化的土地將比一九七七年增加到三倍以上，損失的土地大部分爲放牧區，小部分爲農業區，而非洲、亞洲和南美洲受害將最爲嚴重。

有關資料顯示，撒哈拉沙漠曾是水草豐盛、牛羊滿地的草原，現在卻變成占世界沙漠總面積一半的大沙漠，這個面積還在擴大中，繼續吞沒周圍宜農宜牧的良田。

沙漠化是由於人類不當屯墾行爲所造成的，可以透過管制人類的行動來加以改善。如改變土地的使用方法，形成良好的農業生態系統，停止毀林造田、停止過度的放牧並保護植被。

三、海洋生態破壞

海洋生態圈由於人類過度的捕撈與破壞而遭到嚴重的失衡與污染現象，進而逐漸喪失調節氣候等重要功能。

（一）海洋生態破壞的原因

地球表面的十分之七爲大海，海洋的資源蘊藏量遠較陸地豐富，但由於海洋污染和過度捕撈，造成海洋資源的破壞，使得海洋生態破壞正逐漸加劇，海洋生物數量急遽下降，甚至已瀕臨絕種。許多海洋生物受到有毒物質的污染，因而改變其原來的生長型態，甚至不再適合食用或利用。

（二）調節功能的喪失

海洋是調節地球氣候的關鍵因素，海洋生物對地球的生態平衡具有重要的功用。但過度的開發會造成海岸線後退，污染會使海洋的生態效率大爲降低、生態價值下降，特別是某一海洋生物物種的消失，對地球生態環境的影響是難以衡量的。

第四節　資源耗竭的危機

由於工業化和人口膨脹的龐大消費，以及環境污染和生態失調的自然破壞，造成現在世界十分嚴重的資源危機，如淡水資源、耕地資源、森林資源及物種資源等的銳減問題已日益嚴重。

一、淡水資源耗竭

水是地球上眾多生物的生命之源，沒有水一切的生命都將不存在。地球上的水雖然是可再生資源，卻是有限的資源。從以下對水資源分布狀況與其使用狀況的介紹，可以了解到水資源耗竭的嚴重性與目前已存在的缺水危機。

(一) 水資源的分布狀況

據估計，地球上的水總量有九十八萬四千一百二十立方公釐，但其中只有2.87％的水是可供人飲用的淡水。世界上的水資源97％分布在海洋，除了陸地無法取得的冰川和高山冰雪的水源外，又有一半爲鹽湖或內海，所以適合人類飲用的淡水僅占總水量的極少部分。世界水資源的分布非常不平均，除了歐洲因地理環境優越，水資源較爲豐富以外，其他各洲都有不同程度的缺水現象。最明顯的是位於非洲赤道地帶的內陸國家，那裡幾乎沒有一個國家不存在嚴重的缺水現象。

（二）水資源的使用狀況

隨著人口的增加、工業的發達，人們的用水量也不斷增加。從一九〇〇年到一九七五年，世界人口增加約一倍，而年用水量則增長了六．五倍，其中工業用水增加二十倍，城市用水增加十二倍。公元前一個人每天用水十二公升，中世紀時增加二十至四十公升，十八世紀增加到六十公升，人們對於水的需求量日益增加。一方面是淡水耗費的加速，另一方面是水體污染的增加，這兩種趨勢同時增長，使得人類將面臨全球性的嚴重水荒危機。

（三）缺水的危機

缺水已是世界性的普遍現象。據統計，全世界有一百多個國家存在不同程度的缺水現象，嚴重缺水的國家和地區有四十三個，占地球陸地面積的60％。據預測，到二〇〇〇年世界將有許多國家和地區陷入水資源匱乏的困境中，未來的水荒將是人類所必須面對最嚴重的問題。

由於近年來地球暖化，造成世界降水的不平均，使得台灣也因而受害，且已被列爲全世界第十九個缺水國。加上過去森林的砍伐、上游地區開發種植高山蔬菜、水果，使得河川上游蓄水的能力大爲減少，雨季時，雨水大量流入大海，造成沿海的都市、鄉鎮淹水的情況嚴重。都市的發展使得許多透水地表被改爲水泥或柏油，地下水量更是減少。因而台灣缺水的問題就越來越嚴重了。

二、耕地資源銳減

耕地是人類賴以維生的基礎，世界現有耕地為十三．七億公頃，占世界土地面積的10％，這些僅有的耕地正在減少不再適合耕作。據一九九〇年聯合國的調查，自二次大戰以來，全球因農業管理不善，有五．五二億公頃的農地（占全球耕地的38％）已遭受某種程度的損害，又其中八千六百萬公頃（占受損害耕地的15％）具有嚴重退化的情形，這些現象若不加以改善，將會致使糧產大幅地減少，後果相當的嚴重。

耕地資源的減少主要是因為耕地的流失與耕地貧瘠化所造成，以下將分別就此兩點說明其原因：

（一）耕地資源流失的原因

■ **耕地資源流失的原因來自於水土流失、土地鹽化及沙漠化**

由於環境破壞和過度的砍伐，森林大量的毀壞，植被大量的減少，造成水土流失、土壤風化、土地鹽化、沙漠化與貧瘠化加劇，使得耕地面積逐漸減少。目前世界上的土壤被洪水、風暴侵蝕的速度相當的驚人，全世界現有耕地表土每年流失量約為二百五十四億噸。

美國水土保持局報告，美國耕地每年每公頃流失土量為五噸，全國為十五．三噸；這些流失的表土用火車裝載，火車長度可繞地球三周。

■ **人類的過度開發利用**

如果說水土流失、土地鹽化、沙漠化使大量土地喪失了可耕

圖2-3　城市化使得耕地資源銳減

性，因而損失大量耕地的話。那麼城市化（**圖2-3**）、工業化和交通運輸事業迅速的發展，使得耕地資源銳減更加的迅速。如美國因修建公路、住宅、工廠、水壩，每年占用一百二十公頃的耕地。在開發中國家也存在類似的情況。據估計，未來城市的發展，單是居住用地一項，就將使全世界失去十四萬平方公里的耕地、六萬平方公里的牧地和十八萬平方公里的森林。

（二）耕地貧瘠化的原因

水土流失會使土壤的有機質、耕種能力和通氣性降低，土壤結構毀壞，肥力減弱，生產能力下降，依靠人工施肥也不能挽回。水土流失使農田水分流失，土壤龜裂，溪水斷流，水井乾枯，又使河道污染，造成土壤鹽漬層上升和含鹽增加，加劇土壤鹽漬化，而造成土壤貧瘠不適耕作。

根據聯合國一九七七年統計，全世界水耕地面積的十分之一，即二千一百萬公頃爲集水區，已經由於鹽漬化使得這裡的生產能力下降了2％。

三、森林資源減少

森林是人類賴以生存的生態系統中重要的組成份子。由於人類的砍伐使得地球上的森林資源迅速減少，其減少的狀況與遭受破壞的影響，從下列的說明可清楚地了解。

（一）森林面積減少現況

地球上的森林面積原爲七十六億公頃，到十九世紀減少爲五十五億公頃。進入本世紀後，由於人口的增加，對耕地、牧場、燃料、木材的需求量日益增加，導致人類的濫墾濫伐，毀林造地，使得本世紀中葉森林面積驟減到三十八億公頃，到七〇年代末僅有二十八億公頃。可見全球森林資源的破壞相當地嚴重。

其中熱帶雨林的破壞最爲明顯，巴西是世界最大的熱帶雨林區，蘊藏全世界木材總量的45％，但由於大量的開發與管理不善，目前被毀壞的面積已高達原有雨林面積的一半。

如果按現在人類對森林的砍伐速度增長，到二〇二〇年之前，世界森林將減少40％，其中發展中國家的森林將蕩然無存。

（二）森林破壞的後果

森林是生態體系的核心，森林是複合的生態體系，森林破壞的後果是十分嚴重的，其影響包括：

■ 引起全球性氣候變化

因為缺乏森林進行光合作用，將使空氣中二氧化碳增加，全球溫度上升，進而引起局部地區出現乾旱和高溫的現象。

■ 引起地區性生態問題

森林被砍伐後，土質逐漸沙化，加上雨水的沖刷，往往會造成洪水災害。

■ 導致生物多樣性銳減

使棲息於森林的動植物、微生物之間失去平衡，嚴重影響到調節氣候與生態平衡的功能。

四、物種絕滅

全球資源銳減除表現在耕地資源、森林資源和水資源的匱乏外，動植物多樣性的喪失，也就是動植物物種的絕滅也是令人怵目驚心的。

（一）物種絕滅的涵義

物種指的是生物種。物種絕滅就是生物物種的消失或生物個體的死亡，其意謂著生物基本構成型態和繁殖型態的永遠喪失，某一物種一旦滅絕，就表示這一資源的潛在貢獻將永遠消失了。

（二）全球物種狀況

全世界生物品種約有三百萬至一千萬。據估計，每年都有數千種動植物滅絕，目前瀕臨絕種的動物就高達一千多種，到了二〇〇〇年地球上將會有五十萬至一百萬的動植物消失，而這些物種的消失會是熱帶森林砍伐或破壞所造成的。據預測在森林砍伐率低的情況下，全球生物品種估計有5％將絕種；在森林砍伐率高的地區，滅絕比率將達20％。物種的絕滅將會對食物鏈的均衡產生破壞，而對人類食物的供給帶來威脅。所以保護物種就是保護自己。

第三章　生態保育的方法

- ✔物種保育等級
- ✔自然保護區的設立
- ✔生態環境管理
- ✔自然保育的立法
- ✔生態環境教育

生態保育是人類爲增進生活福祉及未來永續生存，而產生的一種對環境進行管理的行動。透過對環境的保護（protection）、保存（reservation）、保留（preservation）、野生物族群的復育（restoration）及其棲息地的保護改善（improvement）、植被、景觀或古蹟的復舊（rehabilitation），還有環境法令與環境教育等方法與措施，來達成資源永續利用與發展的目的。而本章擬歸納主要之保育方法在以下各節中作介紹。

第一節　物種保育等級

生物資源調查、物種保育等級評估、物種、棲地的復育以及長期的監測等五項保育步驟，一直是生態保育的基本重點，而每一項都是非常耗費人力、物力及時間的工作。其中物種保育等級的評估，提供了生態保育工作十分重要的依據。

事實上，在不同國家、不同法規及不同的國際保育聯盟或公約上，針對物種保育等級，都有不同的定義和涵義。儘管有不同的保育等級系統，世界自然保育聯盟（The International Union for Conservation of Nature and Natural Resources, IUCN）所出版《瀕危物種紅皮書》（*Red Data Book*）發展出來的保育等級（Red List Categories）已被國際上各國政府、非政府組織及保育學者廣為接受及應用，因此值得推動保育工作者與關心生態保育的人士加以認識。

IUCN 物種保育等級包括絕滅、野外絕滅、嚴重瀕臨絕滅、瀕臨絕滅、易受害、依賴保育、接近威脅、安全、資料不足、未評估等八個等級，並依照物種研究調查資料與評估標準，將此八個保育等級分為三大類，如**圖3-1**所示。

1.第一類：評估。在充足的資料與研究調查下，將物種依照評估標準分類為絕滅、野外絕滅、嚴重瀕臨絕滅、瀕臨絕滅、易受害等五個等級。其中我們通稱嚴重瀕臨絕滅、瀕臨絕滅及易受害為受威脅等級（threatened categories），它們占整個保育等級的大部分。另外，將依賴保育、接近威脅、安全三種等級通稱為低危險級。

2.第二類：資料不足。表示缺乏物種的相關資料與研究以評估其絕滅危險的等級。

3.第三類：未評估。表示未依照各項物種評估標準進行評估

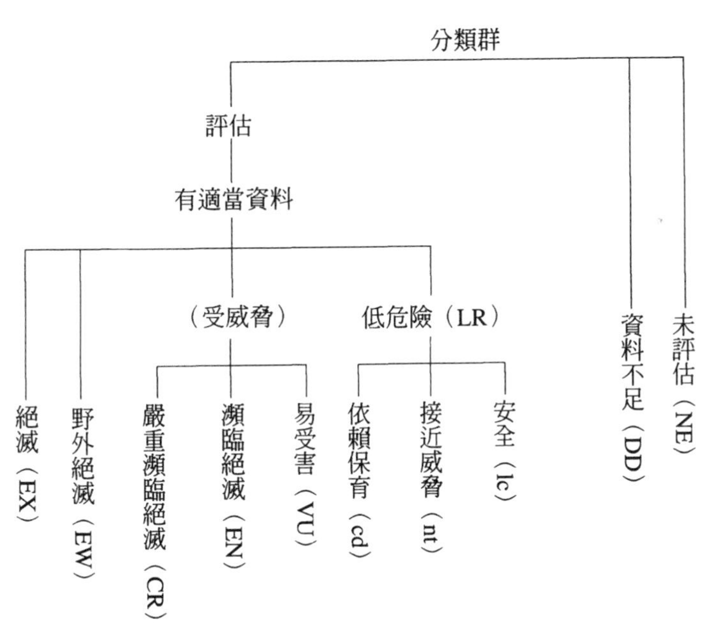

圖3-1　IUCN保育等級架構圖

的分類群。

IUCN物種保育等級的優點是能提供簡單快速的方法來凸顯面臨絕種危險的物種，並集中焦點推動其保育措施。詳細說明IUCN物種保育等級中各物種分類群的定義及分級狀況如下。

■ 絕滅（extinct, EX）

除非有合理的懷疑，否則一物種的最後個體已經死亡，此分類群即被列爲是絕滅級。

■ 野外絕滅（extinct in the wild, EW）

一物種只在栽培、飼養狀況下生存，或是遠離原來分布地區的移植馴化族群，這個分類群即列爲野外絕滅。

■ 嚴重瀕臨絕滅（critically endangered, CR）

指一物種在最近期間內，在野外面臨即時且高度的絕滅危險。

■ 瀕臨絕滅（endangered, EN）

一分類群正面臨在野外絕滅之危險，但未達到嚴重瀕臨絕滅的標準者，列爲瀕臨絕滅。

■ 易受害（vulnerable, VU）

一分類群在中期內，將面臨在野外絕種的威脅，但未達嚴重瀕臨絕滅或瀕臨絕滅的標準者，列爲易受害。

■ 低危險（lower risk, LR）

一分類群經評估後，不合於前述五種保育等級之標準時，列爲低危險級。其又可區分爲三亞級：

1.依賴保育（conservation dependent, cd）：有持續而特別的物種或棲地保育計畫在進行。若其保育計畫停止，則在五年內此一分類群就會面臨危險而變為前述各項受威脅之等級。

2.接近威脅（near threatened, nt）：不合於依賴保育等級，為接近易受害級者。

3.安全（least concern, lc）：不合於依賴保育級或接近威脅者。

■ 資料不足（data deficient, DD）

由於缺乏完整資料，所以無法依據其分布及族群狀況直接或間接評估其絕種危險的分類群，它們可能被長期研究，但是資料的豐富度仍然缺乏，且對其分布狀況也無法完全掌握。

所以「資料不足」並不是受威脅程度等級之一。物種如被歸到此類級，即表示我們仍需更多的資訊及研究。

■ 未評估（not evaluated, NE）

未依照各項標準（criteria）進行評估的分類群。

第二節　自然保護區的設立

除了規定物種保育等級外，於各國設立自然保護的相關區域也是有效進行生態保育的方法之一。設立自然生態保護區的目的，在於保護物種的多樣性（歧異性）、保存、保護、復育具代表性的生態體系、特殊的地質地形景觀、稀有或具絕滅危機的動植物等。自然生態保護區可以幫助生態研究的推動、長期監測生物動態並收集有關生物的資料，因此保護區的設立是生態保育的重要措施之一，也是世界各國推行自然生態保護的工作重點。

世界自然保育聯盟所屬的國家公園暨保護區委員會（Commission on National Park and Protected Area, CNPPA）提出的保育地區類別與設立標準，提供了一套可供各國參考的保育體系架構。這些自然保護區的類別包括科學研究保護區／嚴格的自然保護區、國家公園、自然遺跡保護區／自然景觀保護區、野生物保護區／生態棲息地與物種保護區、景觀保護區／海洋保護區、多用途管理區／資源管理區。以下將就各個保護區設立的目的與選定標準作概略性的介紹：

一、科學研究保護區／嚴格的自然保護區

此類保護區是爲了保存稀有的自然界代表因子，並保護其自然生長過程不受干擾，以提供從事科學研究之用。

（一）設立目的

1.保護自然群落及物種。

2.保護自然界和保持自然運作不受干擾。

3.保存自然環境代表因子，以供科學研究、環境觀測、教育訓練之用，並維護基因資源之演進。

（二）選定標準

1.脆弱的生態系或生物群。

2.富有生物或地質多樣性之地區。

3.對基因之保育具有特殊重要性的物種。

二、國家公園

除了保護國家級或國際級特殊自然生物群落外，尚提供研究、教育與休閒遊憩的功能。

(一) 設立目的

1.保護具有國家級或國際級重要性的自然和風景區域。

2.可提供作爲科學研究、教育訓練及休閒遊憩等使用。

3.此類地區應將史蹟、生物群落、基因資源及瀕臨絕滅物種的代表性樣本保存在自然的狀態下，以確保生態的穩定循環與多樣性。

(二) 選定標準

1.具有國際級或國家級重要性的自然區域、現象或代表性風景區，其選定的區域通常爲大範圍的陸地或水域。

2.必須包括一個以上未受人類活動干擾或其他影響的生態系統。

三、自然遺跡保護區／自然景觀保護區

保護具有國家代表性的自然區域，其保護等級較國家公園低，面積也較小。

（一）設立目的

1.保護或保存具有全國代表性的重要自然現象，並保持其獨特風貌。

2.提供解說、教育、研究及國民欣賞的機會，但這些活動仍須受限制。

（二）選定標準

1.通常是由一個或數個具有國家級地位的獨特自然區域組合而成，如地質構造、獨特的自然區域、動植物物種或棲息地。

2.面積大小不是一個重要的因素，只須大到足以保護其區址的完整以及所具有的特有特徵。

四、野生物保護區／生態棲息地與物種保護區

爲保護特定之動植物而設立，區內之動植物可能爲國家級或世界級的珍貴稀有物種。

（一）設立目的

1.確保國家級之物種、族群、生物群落受到保護。

2.針對特定區域或棲息地進行保護。

3.對國家級或世界級的個別生物物種、鳥獸進行保護。

(二) 選定標準

1.環境中需要人類特殊管理才能永遠存在的自然景物。

2.本類區包括各種保護地區，它們的主要目的在保護自然，而非可收成及更新資源之生產。

五、景觀保護區／海洋保護區

保護可代表人與土地、人與海洋相互調和的自然景觀與海洋景觀，區內可提供研究、教育、休閒等多種用途。

(一) 設立目的

1.維護國家級自然景觀，尤其是可以反映人類與土地交互調適的特質者。

2.保持具有全國性意義的景觀、人與陸地、人與海洋和諧關係的自然陸地與海洋特徵。

3.維持此區域內之正常生活方式與經濟活動，並透過遊憩、觀光提供大眾享用之機會。

4.兼具生態多樣化、科學研究、文化教育等用途。

(二) 選定標準

在某些情況下，土地屬於私有。必須由中央或委託規劃管理，以永久保持其土地使用及生活狀態。

六、多用途管理區／資源管理區

主要在維護管理可提供自然生態正常運作與人類生活所需的各項資源。

（一）設立目的

在持續供應足夠的水、木材、野生動物、牧草及戶外遊憩，以保護長期經濟、社會與文化等活動及自然界的正常循環。

（二）選定標準

可供生產木材、涵養水源、種植牧草、繁殖野生物及從事遊憩活動的區域。

第三節　生態環境管理

七○年代以來，生態環境管理越來越被世界各國所重視，許多國家透過建立保護生態環境的行政機構，使生態環境管理的工作具有合法性與權威性，也使得生態環境的保護發揮了積極的作用。

聯合國環境規劃署（United Nations Environment Programme, UNEP）與世界各國的環境部門互相協調、交流經驗，並不斷地改善生態環境的管理體系，希望對全球的環境保護、資源的永續利用和生態平衡的維護做出積極的貢獻。聯合國環境規劃署可說是推動各國建立生態環境管理體系、促進生態管理立法的重要功臣。

一、生態環境管理措施

根據國際會議的倡導與多數國家的經驗，歸納出目前生態環境管理的措施如下：

1. 制定和實施自然環境、城市環境、區域環境和工業、農業與交通污染的防治計畫。
2. 確定環境品質的標準和污染物排放標準，檢查、監測和評估環境品質狀況，預測環境品質的變化趨勢。
3. 確定環境管理的技術與政策，規劃與預測環境科學技術的發展方向，加強國內外環境技術的合作與交流。
4. 利用行政、立法、經濟、技術、教育等手段，推行環境保護的各種政策、制度、法規和標準。對違反環境制度和法規的行為進行教育、警告、罰款、徵稅和技術管制。對環境生態保護項目或保護區、單位給予技術和經濟的援助，推廣先進的經驗和技術，進行生態環境知識、法規、技術、管理的宣導教育並培養專業人才。

許多國家透過合法的行政機關來進行環境管理的工作，而在環境管理執行的經驗和教訓的過程中，確立環境管理是生態保育的積極方針，保護地球資源為生態環境管理的中心任務。

二、台灣生態環境管理之行政機構

依照目前台灣現有的環境管理與生態保育的行政機關，大致區分為環境保護之行政體系與自然生態保育之行政單位，為各位作介紹：

（一）環境保護之行政體系概要（圖3-2）

目前台灣地區之環境保護行政機關分為三級，即中央、省（市）、縣（市）。

■ 中央方面

由行政院召集各相關部會、署、單位首長組成行政院環境保護小組，負責環保政策之訂定與策略之指導、協調。同時設置環境保護署，主管全國環境保護行政事務，且對省（市）環境保護機關有指示監督的責任。

■ 省（市）環境保護主管機關

分別為台灣省政府環境保護處（精省後，原環境保護處之業務由行政院環境保護署中部辦公室承接）、台北市政府環境保護局及高雄市政府環境保護局。

■ 縣（市）環境保護機關

其一為環境保護局，計有台北縣等十二縣市，屬於獨立之專責環保行政單位。另一為屬於各縣衛生局第二課之編制，計有宜蘭縣等九個縣，負責辦理一般公害防治與環境保護業務。

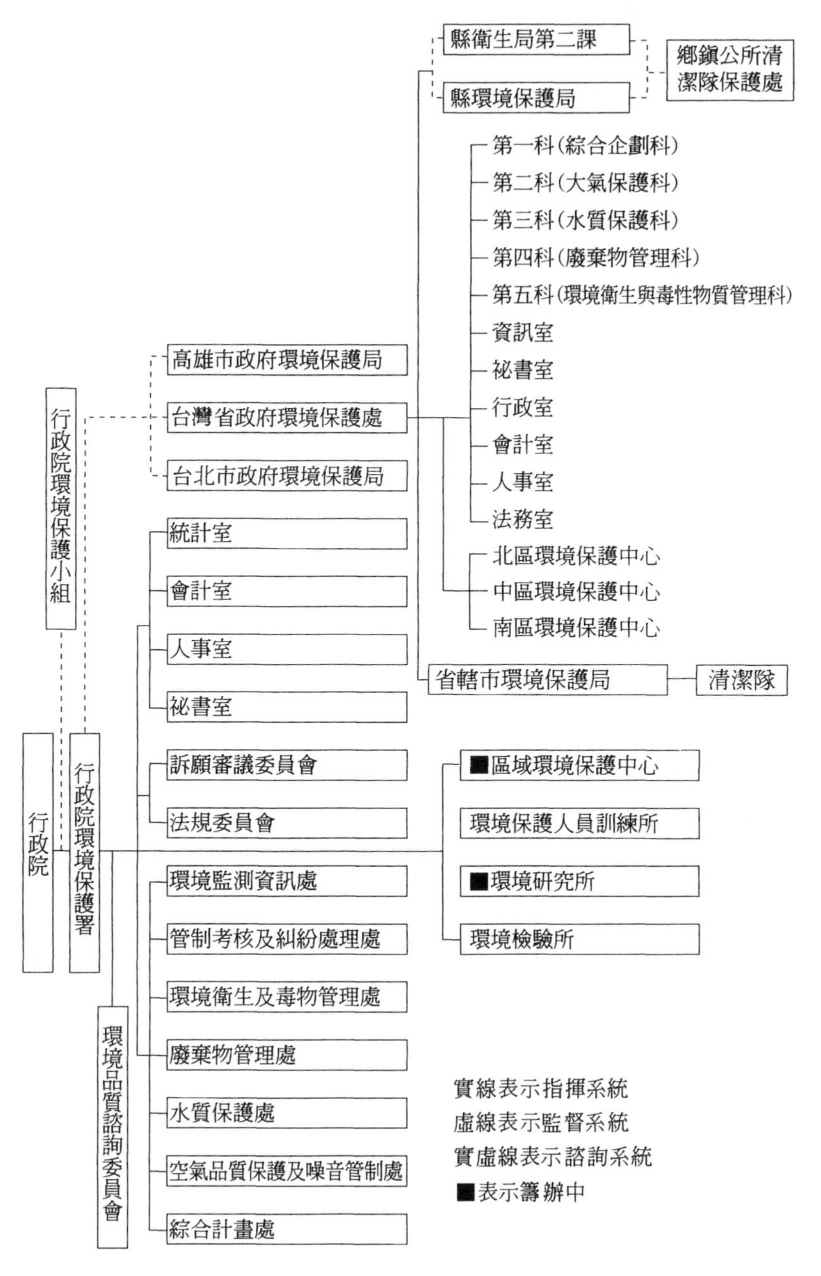

資料來源：《環境保護年鑑》。

圖3-2　我國環境保護行政體系概要圖

（二）自然生態保育之行政單位

目前我國之自然保育行政工作除了由上述環保機關負責外，尚分屬於不同的行政機關分別職掌。

1.中央方面：由文建會、農委會、經濟部、交通部、內政部及衛生署等有關機關，依據該主管之現有法規分別辦理。
2.省（市）之相關廳、局、處等各依法令所賦予之職權執行。
3.在縣（市）之相關局、處等各依法令所賦予之職權執行。

第四節　自然保育的立法

自然保育工作首重環境保護，而保護自然環境的法律條文早在工業革命污染問題一一出現後，一些西方國家開始制定防治污染的法規。隨著自然環境與生態資源破壞的日益嚴重，使得各國政府不得不制定一系列的法規體系來保護、保存自然環境和資源，約束各種破壞生態環境與自然資源的不法行爲。

一、生態環境的立法

各國的國情有所不同，保護生態環境的任務也有不同的著重重點，歸納各國的立法狀況，有關環境保護的法規大致有下列幾方面：

1.憲法中對國家機關、企業單位和全體公民規定了保護生態環境的基本任務、目標和責任，這是國家和社會環境保護的最高準則和法律基礎。

2.建立綜合性環境保護法，對生態環境和資源的保護範圍、對象、方針、政策作出原則的規定。

3.建立各項具體的環境法規與制度，對保護土地、礦產、森林、草原、江河、大氣、野生動植物、風景名勝和古蹟資源進行規範，對環境品質標準、污染物排放標準和防治公害措施加以明令規定。

4.用法律形式和行政手段，對污染者規定責任負擔、污染收費制度與徵稅制度，對危害環境和資源的違法行爲追究其行政、民事、刑事責任，實行賠償和處罰制度，對保護生態環境的有功單位或個人，實行財政補貼、減免徵稅，和各種獎勵制度。

二、我國自然保育法令與政策

我國的自然保育政策，主要由政府、學者、專家及保育團體依據全球保育趨勢、我國環境相關法令與民意共同研訂。

第二屆國民代表大會於民國八十一年通過憲法增訂條文，明列「經濟及科學技術發展應與環境生態保護兼籌並顧」。這是我國環境保育的基本政策，也是我國自然生態保育永續發展的最高指導原則。

（一）自然生態保育之相關法規

我國行政院於民國七十三年核定「台灣地區自然生態保育方案」；民國七十六年頒布「現階段環境保護綱領」，及陸續頒訂之「現階段自然文化景觀及野生動植物保育綱領」和「加強野生動植物保育方案」等方案綱領，先後成爲我國推動自然生態保育與生活環境保護的重要施政依據。

我國自然生態保育之主要相關計畫與法令如下：

■ 台灣沿海地區自然環境保護計畫

1.主管機關：行政院。

2.日期：民國七十一年核定。

3.相關要旨：

⑴就台灣沿海地區具有特殊自然資源者，規劃爲保護區。

⑵針對實質環境、自然資源特色、目前面臨問題及未來發展政策等，擬訂保護措施。

⑶維護區內之自然資源使其得以永續保存。

■ 台灣地區自然生態保育方案

1.主管機關：行政院。

2.日期：民國七十三年核定。

3.相關要旨：

⑴方案內容包括建立自然生態資料系統。

⑵保育台灣珍稀野生動植物等十一項自然保育政策，以及資源合理利用之綜合規劃。

(3)積極推廣自然生態保育觀念等十項工作重點，並提出先驅工作計畫。

■ 現階段環境保護綱領

1.主管機關：行政院。

2.日期：民國七十六年核定。

3.相關要旨：

(1)綱領之目標為保護自然環境、維護生態平衡，以求生態永續利用。

(2)維護國民生存及生活環境的品質，免於受公害的侵害。

(3)以健全法律規範體系、健全行政體系來保護自然、社會、文化資源及資源之合理與有效利用。

(4)以加強環境影響評估、產業污染防治、環境教育與研究發展為工作重點。

■ 國家公園法

1.主管機關：內政部。

2.日期：民國六十一年制定。

3.相關要旨：

(1)畫定國家公園，保護國家之特有自然風景、野生物及史蹟。

(2)根據資源特性畫分一般管制區、遊憩區、史蹟保存區、特別景觀區與生態保護區。

(3)同時明訂禁止各種許可與破壞之行為。

■ 文化資產保存法

1.主管機關：教育部、內政部、經濟部分別就規定事項主管，由文建會會商共同事項。

2.日期：民國七十一年制定。

3.相關要旨：

⑴將文化資產的保存畫分爲古物與民族藝術的保存，古蹟、民俗及有關文物的保存，以及自然文化景觀的指定。

⑵按其特性區分爲生態保育區、自然保留區及珍貴稀有動植物三種。

■ 野生動物保育法

1.主管機關：農委會。

2.日期：民國七十八年制定。

3.相關要旨：

⑴將野生物依其保育之需要，區分爲保育類及一般類，並得畫定野生動物保育區。

⑵本法除對野生動物之管理予以規範，同時制定相關之罰則。

■ 森林法

1.主管機關：農委會。

2.日期：民國七十四年修定。

3.相關要旨：

⑴維護管理的對象爲森林及林地。

⑵環境敏感地區保安林的編定、水源的涵養、森林遊樂區之設置，國家公園或風景區的勘定。

⑶森林保護區的畫定及天然災害的預防等均有詳盡規定。

⑷規定各項監督、獎勵措施和罰則，以維護森林資源。

■ 漁業法

1.主管機關：農委會。

2.日期：民國八十年修定。

3.相關要旨：

⑴針對設置水產動植物繁殖保育區及開發漁產資源等保育及合理利用水產資源相關事項予以規定。

⑵並明定其管理及禁止行爲等條文。

（二）國家之保育政策

自然保育工作是國家建設的重點項目之一，根據行政院所制定的自然生態保育政策目標，目前所推動之保育政策共有：

1.調查建立台灣地區自然景觀及野生動植物的生態資料系統。

2.保育台灣特有珍稀野生動植物及獨特的地形景觀。

3.加強公害防治並建設都市下水道系統。

4.加強山坡地水土保持，妥善使用水資源。

5.合理規劃利用土地資源，加強土地之經營管理。

6.長期推行綠化運動。

7.建立環境影響評估制度。

8.積極宣導及推廣生態保育觀念及知識。

9.設立國家公園，並加強沿海地區自然環境資源之保護。

10.自然保育人才之培育與訓練。

11.確立統一生態保育權責機構並修訂有關法令。

12.響應國際生態保育工作，參加國際保育組織。

第五節　生態環境教育

生態環境教育是生態保育的重要方法之一，在國際社會也普遍受到重視。在全球環境教育的行動中，聯合國發揮了指導的作用。一九七四年與一九七五年聯合國環境規劃署和教科文組織（UNESCO）召開兩次的國際環境教育大會，對於全球環境教育的意義、內容、目標和規劃進行全面的規劃。兩次會議指出：環境教育可使人們對當代日益嚴重的資源耗竭、環境污染與人口等問題有更清楚的認識，並教導人們確立「只有一個地球」的信念，讓人們體認唯有熱愛大自然，親近大自然，才能達到保護環境的責任。

一九七〇年美國環境教育法對環境教育的定義：「環境教育的範圍涵蓋了自然生態及人爲的環境與人類之間的關係，其中包括人口、污染、資源分配與枯竭、自然保護、運輸、技術、都市或鄉村的開發計畫等，是教導人類如何與環境調和相處的教育過程。」

一九七五年貝爾格勒憲章指出，環境教育的目的「在於培養世界上每個人都能注意到環境及其有關的問題，能夠關心環境，在面對環境問題時有解決問題的能力，對於未來可能發生的環境問題也能加以防範，因此對於世界上的每一個個人或團體、需要授與必要的知識、技能、態度、意願與實踐的能力，以期環境問題的處理與防範，獲得適當的對應策略。」環境教育的目標在於提升人類關愛環境與環保行動的素養，教化在學學生與社會大眾重視並保護環境；環境教育強調「全球性思考、地方性行動」（think globally, act locally）的中心概念，講求整合環境資源，同時針對自然生態與環境問題進行整體性分析，並全面推動與落實生活的環保行動，以追求永續發展的社會。

一、各國環境教育概況

環境教育的方法和內容受到各國的社會制度、國情條件和管理水準的約束，因而各國有一些差異存在，但整體來說，世界各國對於生態環境教育的推行已越來越趨於健全與完善。

（一）美國的情形

美國在一九七〇年發布的「環境教育法」，對實施環境教育的課程作了明確的規定，並展開師資培訓、加強各種宣傳媒體的環境教育功能、設立野外環境教育中心等工作，以落實環境教育的實行。

美國環境教育的教材包括：

1.生態學（ecology）。

2.自然環境（natural environment）。

3.植物的世界（the plant world）、動物的世界（the animal world）。

4.水（water）。

5.物理環境（physical environment）。

6.環境問題（environment）。

7.發展環境問題解決技術（developing problem-solving skills）。

8.其他關於環境教學方面尚有野外教學、野外採集、環境調查、環境遊戲等。

（二）日本的情形

日本環境教育研究會認爲實施學校環境教育，必須透過具體的學習領域讓學生有系統地學習，因此以下列八項主題作爲環境教育的學習範圍。

■ **地球**

太陽系的空間裡，只有地球爲適合生物生存的環境，人類在地球這個封閉生態體系中與其他生物共生。

■ **國土**

有限的國土經不斷開發利用，會使環境不斷地遭受破壞，而自然的淨化力會因污染而超過其可接受的限度。

■ **周遭的環境**

科技力量可改造環境，使人類的生活更舒適，但也可能破壞整體的生態系統，人類無法維持生態環境的完整性，將威脅人類的生存。

■ 資源

資源與能源都是有限的，應了解再生資源與不可再生資源的特性以及耗費資源的後果。

■ 人口

人口的自然增長率高，如果不以人爲的方法來抑制，則人口過多將導致生物界失去平衡，進而引發能源爭奪、環境破壞而影響了人類生存。

■ 糧食

糧食資源由陽光、水分、土壤與人工培育而來，有一定的機能與限制，面對糧食資源不足的狀況，各國應有調整人口、分配糧食的計畫。

■ 污染

環境污染正急速地擴大影響人類與其他生物的整體生態系，因此污染必須遏止。

■ 生物

生物要適應環境才能生存，生物繁殖如太快速或漫無限制，將破壞自然的生態平衡，而族群數量將會自動趨於減少或死亡。

人類是構成自然的成員之一，不能違反自然運行的定律，征服自然的觀念應適當的修正。

（三）歐洲的情形

歐洲各國教育部長級會議對於自然保護教育，認爲生態學是自然與自然資源管理的基礎科學，所以決議建請歐洲各加盟會議國家將自然保護原理與生態學導入該國家各級各類教育體系的有關教學機會中。如英國確立了以八歲至十八歲學生爲對象的環境教育計畫；法國編定供各類學校使用的環境教育教材和參考資料。

在發展中國家，環境教育也有各種進展，如印度開設環境教育實驗課程，泰國在一九七八年在各類學校開設環境保護的選修課程。

二、我國生態環境教育之推展

目前我國生態保育相關之環境教育單位很多，並分別屬於不同的行政組織體系。政府在推動環境教育工作上，主要由行政院各相關部會，如教育部、內政部、交通部、農委會、環保署、新聞局等單位，負責政策和計畫的推動工作。

在地方上，環境教育工作主要是由台灣省（市）政府及其所屬各縣市政府的環保、農林、教育和建設等單位，依據中央環境與教育政策，逐年訂定相關自然保育與社會環境教育執行計畫。

近年來，我國生態保育與環境教育，是依照有關政策來執行的。例如教育部於七十八年訂定「台灣地區公立社會教育機構推行環境教育五年計畫」，並規劃社會環境教育方針的推動網路，其計畫內容主要包括：

1.研訂社會環境教育方針。

2.設置區域環保展示及自然教育中心。

3.舉辦區域性環保教育研討會。

4.戶外環境教育等研習活動。

自民國八十三年起，更進一步地統籌辦理「我國自然保育教

表3-1　自然環境教育中心簡表（至八十四年止）

地點	主管機關	研習區域範圍	成立時間
陽明山國家公園	內政部營建署	台北市	八十一年
太魯閣國家公園	內政部營建署	花蓮縣、台東縣	八十二年
墾丁國家公園	內政部營建署	屏東縣	八十二年
東北角海岸風景特定區	交通部觀光局	台北縣、宜蘭縣、基隆市	八十一年
東部海岸風景特定區	交通部觀光局	台東縣、花蓮縣	八十四年
蠶蜂業改良場	台灣農林廳	桃園縣、新竹縣、新竹市、苗栗縣	八十一年
台灣省林業試驗所福山分所	台灣農林廳	宜蘭縣	八十二年
台灣省林業試驗所嘉義分所	台灣農林廳	嘉義縣、嘉義市、台南縣、台南市	八十三年
台灣省林業試驗所六龜分所	台灣農林廳	高雄縣、高雄市	八十四年
惠蓀林場	中興大學	台中縣、台中市、彰化縣、南投縣	八十二年
溪頭實驗林	台灣大學	台中縣、台中市、南投縣、彰化縣、雲林縣	八十一年

育計畫」，建立自然保育教育義工活動資料庫，以整合政府與社會團體的資源，透過社會教育管道，落實有關自然保育的環境教育工作。

此外，教育部與行政院環保署先後輔導各師範院校成立環境教育中心，加強我國環境保育相關的教育訓練與研習等工作。現階段分布台灣全省的十一所自然環境教育中心（**表3-1**），在教育部環保小組的計畫下，分區輔導就近之中小學環境保護小組之運作與評鑑。同時也在政府相關單位協助下，從事鄉土環境教育資源調查及相關教材之編製，辦理環境教育教師研習與環境教育研討會等工作。

行政院農委會則在生態保育工作上，透過野生動物保育與水土保持兩大主題，著手推動水土保持、環境綠化及自然生態保育等教育與宣導工作。

在國中小學的環境保育教育上，教育部自民國八十二年起頒布之國民中小學及高中課程標準中皆包含了環境教育的概念，詳細情況介紹如下：

（一）國民小學與環境教育相關之課程

■ 道德與健康、環境衛生與保育

其課程內容包括了解生物、人與環境的關係、說明污染來源與種類、了解能量和資源的保護措施。

■ 自然

其課程內容包括認識水土保持、了解資源利用與環境保育、了解資源是有限的，應有效運用資源。

■ 社會

其課程內容包括自然資源與利用、環境問題產生的原因與解決方法、自然資源與生活的關係。

（二）國民中學與環境教育相關之課程

■ 認識台灣

其課程內容包括水土保持與生態保育、環境保育及保護對象。

■ **公民與道德**

其課程內容包括公害防治與環境保護。

■ **地理**

其課程內容包括人與環境的互動關係、環境保育與資源開發的重要性。

■ **生物**

其課程內容包括環境污染與自然資源保育、人類與自然界的平衡關係。

■ **地球科學**

其課程內容包括珍惜地球資源、自然界平衡系統的維持。

■ **健康教育**

其課程內容包括認識社區衛生與環保資源、推動環境保護工作。

■ **童軍教育**

其課程內容包括野生動植物保護、公害防治。

(三)高級中學與環境教育相關之課程

■ **公民**

其課程內容包括節約能源、重視環境保護、注重生態保育、保護稀有動植物。

■ **基礎生物**

其課程內容包括資源的有效利用、生態環境保育、國家公園。

■ **家政與生活科技**

其課程內容包括建立環境意識與保育的觀念。

（四）結論

從以上所述行政院環保署、教育部及各級政府所推動的環境教育工作，歸納得知目前台灣地區之生態環境教育的重點包括下列五點：

1.加強環保資訊的宣導，以加深民眾之環保意識，並主動參與環境保護行動。

2.進行野生動植物資源與生態環境的普查，並建立資料庫，引導社區、學校與民間團體參與地方環保活動。

3.充實環境教育場所的軟硬體設施，規劃適宜的環境教育活動。

4.整合與保育相關的政府機關、教育機構、民間團體之義工、學校社團及義務解說員的聯繫。

5.彙整環境教育人才資料庫、研究文獻與相關出版品，並建立環境教育推動網絡。

第四章　國際生態保育組織與公約

- ✔國際生態保育組織
- ✔國際生態保育公約
- ✔其他國際保育團體與協議

有鑑於現今自然環境及野生動植物所面臨的種種危機，國際社會及聯合國組織之下已陸續訂定或成立不同的公約、協定，來約束各締約國對野生動植物及其棲地的保育。國際間的民間保育之士亦有感於環境的破壞，野生動植物種加速的絕滅或瀕危，而紛紛成立保育性質不同的保育團體，來達到保護物種永續利用的目的。

近年來我國不斷積極地推動自然保育的工作，對於國際間重要的自然保育組織與公約之現況與未來發展自應有所了解，以掌握國際間保育趨勢，並提供國內保育政策推動之參考。

目前國際間保育組織有數百個之多，每個組織均以自然生態保育工作爲其共同目標，但因各組織推動保育工作之方向不盡相同，因此本章僅就知名度及影響力較大的組織與公約作介紹，使大家了解國際生態保育事業的進展情況。

第一節　國際生態保育組織

本節要介紹的是著名國際保育組織——世界自然保育聯盟、聯合國環境規劃署、世界自然基金會（World Wide Fund for Nature）與世界野生物貿易調查委員會（Trade Record Analysis of Flora and Fauna in Commerce, TRAFFIC），及其組織成立的宗旨、運作的狀況與工作的內容。

一、世界自然保育聯盟

世界自然保育聯盟成立於一九八四年，過去的全名是國際自然暨自然資源保育聯盟（The International Union for Conservation of Nature and Natural Resources, IUCN），近年來改名爲 The World Conservation Union，但仍以IUCN爲其簡稱。世界自然保育聯盟是一個由許多國家、政府機關、民間團體所組成的國際性領導機構，其主要的任務是透過聯合國與各個國際組織、世界各國政府及民間團體等的聯絡與合作，協調整合自然資源的保育與經營管理，IUCN的工作重點、組織的運作與其目前在世界各地推動的主要工作內容介紹如下。

（一）工作重點

1.提供各國政府、機構團體有關自然資源保育的資訊與諮詢。
2.促使各國科學界合作，以整合研究。
3.協調促進國際間對生態保護的合作。
4.推動宣導各國保育工作的執行。
5.提供世界各國因應各項保育公約執行的技術支援。

（二）組織之運作

1.由三年一次的會員大會，決定聯盟未來推動工作的政策方向及指導原則。
2.設秘書處以聯繫及推動各項工作並綜理財務上的問題。

3.IUCN 共設六個委員會，並結合世界三千位以上的科學家及專家來推動和保育相關的各項事務。各委員會介紹如下：

(1)物種存續委員會（Species Survival Commission, SSC）。

(2)國家公園暨保護區委員會（Commission on National Park and Protected Area, CNPPA）。

(3)教育暨宣導委員會（Commission on Education and Communication）。

(4)環境策略暨規劃委員會（Commission on Environmental Strategy and Planning）。

(5)生態系經營委員會（Commission on Ecosystem Management）。

(6)環境法規委員會（Commission on Environmental Law）。

4.資訊中心包括世界保育監測中心與位於世界各地的分支機構，介紹如下：

(1)世界保育監測中心（World Conservation Monitoring Center, WCMC）：於一九八三年一月成立，總部設於英國劍橋，其主要目的在為自然保護提供信息，監測各地保留區及野生動物等自然資源保育現況及變化。世界保育監測中心透過對動物物種、植物物種、野生生物貿易、保護區等四項活動的監測來完成其工作。建立自然資源保護資料庫，以出版物及諮詢形式提供其他保育組織訊息，以期及時、準確地對世界任何地區的自然保護與發展問題提出建議。

(2)世界各地分支機構，包括非洲、中南美洲、北美及加勒比海、東亞、西亞、澳洲及大洋洲、東歐、西歐等八個。

（三）目前IUCN在各地推動的主要保護工作內容

1.生物多樣性：生物多樣性的維持是目前該聯盟之中心工作。

2.物種：IUCN物種存續委員會提供受威脅物種的資料，供給各地區的會員針對該物種進行保育工作。

3.保護區。

4.溼地。

5.森林。

6.海洋及海岸環境。

7.環境規劃。

8.環境評估。

9.環境法。

10.社會政策。

11.環境教育。

12.宣導及資訊管理。

（四）IUCN起草「世界自然保護大綱」

世界自然保育聯盟、聯合國環境規劃署、世界自然基金會、聯合國教科文組織與世界糧農組織，於一九八〇年共同提出並制定結合了保護與開發為出發點的「世界自然保護大綱」。其主要的宗旨在於維持基本的生態過程，保存遺傳物質的多樣性，以確保對各種物種和生態系統的持續利用。「世界自然保護大綱」的起草，主要是要喚醒人們對日益遭受破壞的地球生態環境的重視，以及人們對保護自然環境、合理利用自然資源的關注，並加強人們保護大自然的決心。

世界自然保育聯盟的工作與聯合國有密切的關係，不僅其執行計畫經費來自於聯合國環境規劃署及教科文組織，同時聯合國也是各公約組織在推動國際保育事務的重要諮詢機構。

二、聯合國環境規劃署

聯合國環境規劃署（UNEP）成立於1973年，總部位於肯亞首都，現有一百三十九個成員國。UNEP的最高權力機構爲理事會，主要的職能爲擬訂工作計畫、確定政策與通過預算。UNEP的主要任務爲對不斷改變的環境狀況保持監測、對環境的發展趨勢進行分析、對環境問題進行評價，以促進改善環境計畫與活動能有效執行，從而引導世界環境的健全發展。

UNEP的主要工作內容有下列幾點：

1.與各國政府合作，協助其在環境問題及國家發展規劃方面做出正確的決策。

2.UNEP所屬全球環境監測系統（Global Environment Monitoring System, GEMS）負責提供來自全球各個環境監測網絡的資料，包括氣候趨勢的監測、大氣污染物的監測、健康狀況的監測（由世界衛生組織負責對空氣、水質和食品等進行監測）、海洋污染的監測、全球可更新資源的監測，以提供環境管理厚實的科學基礎。

3.進行環境管理方面問題的研究，共分七大類，包括人類居住環境規劃、人類健康與環境衛生、陸地生態系統、環境與發展、海洋、能源、自然災害、環境法等。

4.促成各項國際性的公約、協定等，如有助於減少臭氧破壞的「蒙特婁議定書」、控制有害工業廢物的國際運輸與處置措施的「巴爾賽公約」、減少捕撈海洋哺乳動物的「海洋哺乳動物全球行動計畫」以及保護熱帶林的「熱帶林業行動計畫」等。

三、世界自然基金會

世界自然基金會舊稱爲世界野生動物基金會（World Wildlife Fund），簡稱WWF，該組織成立於一九六一年，是一個致力於全球生物多樣性保護並援助野生生物與野生地區的國際性自然保護組織。WWF的主要任務是保護地球上生物不可或缺的自然環境與生態過程，並教育宣導，以喚起民眾對自然保育之重視。以籌募基金方式來推動對瀕危物種和極待保護生物體系的保育與研究工作。以下介紹其組織概況與推動工作內容。

（一）組織概況

1.該組織是目前世界上最大的國際性民間組織，以大貓熊作爲該組織的代表標誌，目前已成爲世界保育之代表符號。

2.該組織在全世界有三百萬個以上的長年贊助單位，及二十七個分支機構。

3.自成立以來，此基金會已將募得的會費、捐款及贊助款項中大部分的經費，用來推動一百三十個國家的五十多個保育計畫，例如「挽救老虎行動」、「溼地與保護海岸計畫」、「熱帶雨林計畫」，同時也以其基金會贊助支持其他保育團體，共同推展保育工作。

（二）推動工作內容

1.建立自然保護區，管理和保護野生生物棲息的野生地。
2.促進物種與生態環境管理的研究。
3.推動提高自然保護意識與引導人們正確行爲的環境教育計畫。
4.發展有關自然保護機構和組織。
5.增加自然保護領域的工作效率。

世界自然基金會也與其他的國際保育組織如世界自然保育聯盟、聯合國環境規劃署、華盛頓公約組織（CITES） 等保持密切聯繫，一方面參與保育工作策略的協調與規劃，另一方面提供推動保育工作的經費，可說是個人與私人團體共同合作從事世界保育工作的代表。

四、世界野生物貿易調查委員會

世界野生物貿易調查委員會（TRAFFIC），成立於一九六七年，總部設於英國劍橋，在許多地區與國家先後都設立有辦公室。TRAFFIC是國際間重要的民間保育團體之一，其主要的工作在於追蹤國際間野生動植物的交易與利用情形，尤其是野生物非法交易的狀況及其影響，以提供瀕臨絕種野生動植物國際貿易公約組織（簡稱華盛頓公約組織）及各國政府機關與保育團體非法交易的基本資料，其委員會的組織概況介紹如下：

1.TRAFFIC爲世界兩大保育組織——世界自然保育聯盟與世界自然基金會共同贊助成立的國際性保育機構，是因應一九七五年生效的華盛頓公約組織而設。
2.目前於世界各地共設立十七個辦公室，台北野生物貿易調查委員會（TRAFFIC Taipei）亦在自然生態保育協會及國際野生物貿易調查委員會之協助下，於一九九一年在台北成立運作。
3.TRAFFIC設立的主要目的是在協助華盛頓公約各締約國，依據其國內法規及國際條約管制野生物貿易，以避免因毫無節制的交易造成野生物種的絕滅。
4.目前全球野生動植物市場，每年交易之野生動植物價值估計高達二十億美元，而其中四分之一涉及非法交易，因此TRAFFIC的主要任務是對野生動植物交易市場進行監測，尤其是非法交易的監測更爲其工作的重點。

第二節　國際生態保育公約

這節將介紹的三個國際性公約——華盛頓公約、國際重要溼地公約（The Convention on Wetland of International Importance）、生物多樣性公約（The Convention on Biological Diversity, CBD），

都是由為數眾多的締約國所共同簽署成立的，其在國際上具有相當大的影響力。以下為這些公約的簽署目的與組織運作狀況。

一、華盛頓公約

瀕臨絕種野生動植物國際貿易公約（Convention on International Trade in Endangered Species of Wild Fauna and Flora, CITES），是有鑑於國際野生動植物的貿易日益頻繁，許多地方的野生動植物已被過度開發利用，如不加以管制將會引起更多野生動植物的絕滅。因此在一九七三年，於華盛頓召開締結瀕臨絕種野生動植物國際貿易公約的代表會議，由各國於會後簽署這份公約作為管制的依據，此公約可簡稱為華盛頓公約。該公約自簽署至今已有一百二十八個國家加入成為締約國，其簽署的目的、組織的運作和管制國際野生物貿易的方式說明如下：

（一）簽署目的

1.對國際野生物的貿易進出口活動進行管制，並利用簽署國的施壓和世界輿論的力量，對非法進行野生物貿易的國家進行制裁。

2.華盛頓公約的精神在於管制，而非全面禁止野生物的國際貿易，並以透過證件管制的流程，來達成國際野生物市場的永續利用。

（二）組織之運作

1.該公約為處理相關公約業務的推行，特別成立了動物、植物、命名、圖鑑等四個委員會。

2.設立秘書處來處理各項行政與技術支援事宜。

3.公約要求締約各國設立管理機構與科學機構，管理機構負責簽發該公約的輸出入許可證與執法等事宜；科學機構負責收集物種生態族群的分布等資料，並提供各項技術諮詢服務。在我國，經濟部貿易局與農委會的執掌相當於管理機構，此外農委會具有部分科學機構的功能。

4.締約國大會約二年或二年半召開一次，討論修訂附錄中的物種名錄、如何強化或推行該公約的議案、各國國內法的配合及附錄物種的貿易與管制狀況等，大會的決議為各國遵循的政策指標。

5.締約國大會休會期由常設委員會代表執行大會的職權，常設委員包括全球六大區域、前後大會主辦國及公約存放國（瑞士）共同組成。

（三）管制國際野生物貿易方式

華盛頓公約對於野生動植物及其貿易（指出口、再出口、進口或由海上引進）、科學機構、管理機構、締約國等，都給予明確的定義，並於附錄中明列受管制的動植物名單。將野生動物按瀕危的程度分類，分別給予不同程度的管制，限定不可交易的物種與可交易物種的數量。

公約附錄中所列舉物種都是有可能受到貿易影響而面臨絕滅危險的物種，必須加以嚴格的管理。這些物種的國際貿易只有在特殊的情況之下，且必須要有輸出國政府發給的許可證才能進行貿易。

華盛頓公約基本上並不反對貿易，因爲野生動植物的交易爲人類的交易活動之一，且華盛頓公約本身並無執法的能力，所有相關規範均需各國國內法的配合執行。因此各國依其社會環境考量，經協約國大會協商而定出之決議案，可說是國際上可行之標準。

二、國際重要溼地公約

國際重要溼地公約是由關心溼地生態與溼地發展的各個國家，於一九七一年在伊朗拉姆薩城（Ramsar）所共同簽署的，簡稱爲拉姆薩公約。希望能透過各國的共同努力，對溼地生態加以有效的經營管理，以維護溼地生態的穩定並提供人類有效的利用。

拉姆薩公約對「溼地」的解釋爲草澤、沼澤地、泥澤地及水域，該水域可能是天然或人工的，永久或暫時的，其水體可能是靜止或流動的，可能是淡水、半鹹水或鹹水，且包括低潮時水深不超過六公尺的海域。拉姆薩公約成立的目的、其組織的運作、該公約對溼地的保育工作重點說明如下：

（一）簽署目的

■ 保護生態受威脅的溼地

由於許多人類活動造成溼地生態的不穩定，導致溼地的喪失。因此該公約是針對世界上最容易受威脅的棲地——溼地，列入國際重要溼地的名單中加以保護。國際重要溼地名單的標準，包括定量的標準和一般標準。定量標準是指棲息其間的動植物種群數量達一定數量以上。一般標準是指該地有一定數量的珍稀瀕危動植物，具有保持遺傳與生物多樣性的特殊價值或具有動植物棲息地的特殊價值。

■ 發展各國運用溼地的原則

希望發展出運用溼地的基本原則，以提供使用溼地的人類永續經營利用溼地，而不致造成食物鏈的破壞。

（二）組織之運作

1.該公約目前全球的締約國共有八十個國家，其秘書處設立於瑞士，以每三年舉辦的締約國會員大會為該公約的最高決策單位。

2.該公約要求每一個締約國提出其國內被列入國際重要溼地之最新經營管理報告。

3.在締約國會員大會休會期間，其執行工作交由九人的常設委員會來推動，成員包括七位各地區代表及前後任舉辦締約國會員大會的地主國。

（三）溼地保育的工作重點

1.長期監測已被列名為世界重要溼地的地區，以確保該溼地能維持原有的生態特色。

2.推動其國內對於所有溼地的管理與利用工作。

3.訓練溼地的經營管理人才。

4.設立並經營管理溼地保護區。

5.與其他國家進行溼地、集水區、水鳥等各資源資訊的交換。

三、生物多樣性公約

生物多樣性公約是在一九九二年六月五日，於巴西里約熱內盧舉辦的地球高峰會議中與會各國所共同簽署的。生物多樣性公約是由聯合國環境規劃署所推動，聯合國環境規劃署有鑑於地球生物資源爲維持人類經濟生活、社會發展之基礎，因此認爲世界各國應充分地了解並維持地球上生物資源的多樣性，以保護我們及下一代子孫的重要資產。以下將分別介紹此公約的簽署目的與組織運作的狀況。

（一）簽署目的

■ **維持地球生物資源多樣性**

聯合國環境規劃署於一九八八年開始著手推動成立此公約，主要的目標在保育全球生物的多樣性。

■ **永續利用各種生物資源**

宣導各締約國應以生物資源的保護與永續利用作爲未來努力的方向，期使利用生物資源產生的利益能公平分享。

■ **強調各國對其國內之生物具有主權**

生物多樣性公約強調各國對其國內生物之主權，此一主權的主張，使得各國於未來利用它國之生物資源所產生之利益均需對原產國有所回饋。

（二）組織之運作

1.此公約設立科學、工藝及技術諮詢機構，以提供締約國大會在各項議題上的科學建議，而每年召開一次的締約國大會爲最高政策決定機構。

2.設有秘書處來處理各項行政與技術支援事宜。

3.在大會休會期間，由本屆主辦國及各地區選出的主席團代表，來進行監督及指導秘書處與科技諮詢機構的工作。

4.加入該公約後，各國都需對其如何維持國內生物多樣性提出策略及行動計畫，並在三年內提出國家推動維持生物多樣性工作的國家報告。

此公約爲目前世界上締約國最多的公約組織，共有一百七十四個國家正式加入，可見全球對於保育大自然界生物多樣性以維持永續發展的重視。

第三節　其他國際保育團體與協議

在國際上有許多的生態保育團體是由各國民間的有志之士所共同組成的。這些民間保育團體與區域各國間因應海洋與特殊動物保護需要而訂立的各項協議，都對生態保育有重要的貢獻。

一、國際民間保育團體

世界上著名且組織規模較爲健全的民間保育團體如下：

（一）綠色和平組織

綠色和平組織（Green Peace International）成立於一九七一年，總部位於荷蘭的阿姆斯特丹，該組織標榜「和平」、「非暴力」，以和平的手段積極地推動各項保育工作，並特別關注海洋環境的問題。成員經常出席參加各類型的國際環保會議，且不斷地透過媒體向全世界發表報告，呼籲保育的迫切性。

綠色和平組織的堅持、理想與活動力，使得他們每次的行動都能吸引大眾的注目，所以全世界沒有一個政府、企業或媒體敢忽視「綠色和平組織」的行動。從一九七一年抗議美國阿拉斯加核爆、近年的法國核試、迫使英荷集團「蜆殼石油」公司取消擊沉蘇格蘭外海石油平台的計畫，都是他們努力的成果。

（二）美國奧杜邦學會

美國奧杜邦學會（National Audubon Society）成立於一九〇五年，原是一個以鳥類欣賞、研究及保育爲主的團體，現在已發展成爲全球最大且最具行動力與公信力的環保團體之一。它的主要目標是保育及復育自然生態體系，提升人類利用土地、水、能源的決策能力，並保護人類免於受污染、輻射及有毒物質的危害，以維持地球生物的多樣性與人類的福祉。

奧杜邦學會的總部設於紐約，其成員包括科學家、遊說者、律師、政策分析家、教育家及草根性的行動保護者共約五十萬名會員。該學會在美國各處設立分會，以匯集地區性的保育資源及支持力量，並互相交換研商保育的議題。此外，學會定期舉辦自然之旅活動且致力於野生動物、生態體系及其他環境議題的研究。在環境教育的議題上，除發行出版品如《奧杜邦雜誌》、《奧杜邦行動家》新聞期刊外，也針對學校教師、成人與小朋友分別舉辦各種生態研習營及研討會。奧杜邦學會素以教育人們尊重及愛護環境與野生動物出名。

（三）世界鳥類保護總會

世界鳥類保護總會（Birdlife International）是由來自全世界各國的保育人士、專家與聯盟團體所組成的全球性保育聯盟組織，總部設於英國劍橋。該會的宗旨在於保護鳥類及其棲息地，以藉此維持世界生物的多樣性與自然資源的永續利用。其工作的目標包括監測全世界鳥類及其棲息地的保育狀況、防止野外鳥類的絕滅、對鳥類與其他野生動物的棲息地予以適度的保護、提醒世人對鳥類與自然環境的重視與關懷。其對保育的推動工作包括：

■ 評鑑瀕臨絕種鳥種與重要鳥類保護區

透過科學家、保育專家及鳥類學家的專業調查研究，評鑑應優先保護的鳥種，計畫在西元二〇〇〇年以前完成全世界重要鳥類保護區的評鑑。

■ 鳥類與棲地保護

在世界各地設立保護區以推動重要鳥類及棲地的保護工作，且致力於森林永續的利用來加強對鳥類與野生動植物的保護功能。

■ 宣導與教育

該會透過各種活動與出版品來使決策者與一般民眾能了解並支持生物多樣性保育的工作。

二、各國區域性保護協議

針對特殊及各國區域性的協議，如溯河性魚類（鮭魚）的捕撈協定，以及保護野生動物如遷徙性的候鳥、海豹、鯨魚等協定，介紹如下：

（一）關於鮭魚保護的公約

存在有鮭魚保護協議的海域有北太平洋、多瑙河與黑海以及北大西洋。這些地區都是鮭魚生長的區域。

■ **北太平洋的四個漁業公約**

1.美國與加拿大於一九三〇年簽署的「美、加關於保護、養殖和擴大弗雷塞河系紅大馬哈魚漁業公約」，其目的在保護、共享具有經濟價值的紅大馬哈魚與粉紅色鮭魚（Pink Salmon），此兩種魚類會在產卵期洄游穿越美國海域，回到加拿大卑詩省的弗雷塞河產卵。

2.在一九五二年，加拿大、日本與美國在東京簽署「北太平洋公海捕魚國際公約」。該公約要求簽署國在各自的捕撈區必須採取保護的措施，且在鮭魚資源管理方面進行合作、協調研究。

3.日本與前蘇聯簽署有關於「北太平洋公海捕魚公約」（一九五六），公約內容大致爲限制公海捕撈裝置、禁漁期的禁捕限制，以及日本漁民每年固定鮭魚捕撈限額。

4.美、加兩國於一九八五年簽署「太平洋鮭魚條約」，是有關涉及五條起源於加拿大流經美國入海河流的鮭魚資源條約。主要的目的是要共同管理鮭魚的資源，維持鮭魚產量的收益，防止過度的補撈。

■ 黑海與多瑙河之捕魚公約

此地區有關捕魚公約的成立，主要是因爲在黑海與多瑙河之間有數種的魚類，包括鱘魚、多瑙河鮭魚與大西洋鮭魚在此洄游，具有高度的經濟價值。

1. 「多瑙河水域捕魚公約」於一九五八年制定，所成立之聯合委員會規定了多瑙河流域的禁漁區、禁用與限制捕魚的方法，以及最小捕撈尺寸。此外也有增加漁業資源的相關施行措施。
2. 「黑海捕魚公約」於一九五九年制定，成立之主要目的在於確保其海域內的漁業資源，建立漁業資源的管理措施。

■ 北大西洋鮭魚保護公約

「北大西洋鮭魚保護公約」（一九八二）簽署的起源主要是由於生長於北美與西歐的鮭魚在格陵蘭附近海域的攝食場大量聚集，以致原產國與跨國界捕撈鮭魚國家間產生爭端。其主旨是對於鮭魚的捕撈採取管理與管制的措施，並希望所有締約國能就鮭魚資源問題，包括影響鮭魚生長的河流生態問題提出建議，共同爲鮭魚資源的保護、繁殖與合理捕撈作有系統的規劃。

（二）關於保護候鳥的公約

鳥類爲遷徙性的動物，其生存有賴於生態環境的保護。以下爲各地區對鳥類保護有關的條約。

■ 美洲地區

1.「候鳥保護公約」（一九一六）爲美、加兩國間的雙邊條約，將各種候鳥與禁獵的鳥類作分類，並規定任何時候都不可獵殺禁獵的鳥類，此外也規定長時間的禁獵期，以保護其他鳥類的生長。
2.美國與前蘇聯在一九七六年簽訂「候鳥及其環境保護公約」，除了禁止獵殺候鳥之外，並規定保護候鳥所生存的生態環境。設立保護區，防止區內遭受污染，確保候鳥的生長空間。

■ 歐洲地區

1.一九五〇年在巴黎所簽署的「國際鳥類保護公約」，其目的在保護於春天遷徙的候鳥，公約中對捕獵方法加以限制並規定禁獵期。此外設立保護區，以確保候鳥的繁衍。
2.一九七九年簽署「歐洲野生生物與生境保護公約」，其目的在協調各締約國共同保護鳥類的生長環境與候鳥的保護工作。

■ 亞洲地區

有關亞洲地區的鳥類保護公約，計有「日本與蘇聯關於保護受絕滅威脅的候鳥及其保護方法的公約」、「日本與美國關於保護瀕危候鳥及其環境的公約」等，主要都是在規定禁止獵捕的鳥類、禁獵期與設立保護區。此外，也規定控制可能對保護鳥類有害或可能破壞獨特自然環境生態平衡的動物的進口。

(三）關於特殊動物的保護協議

■ 鯨魚的保護

在一九六四年所成立的「國際捕鯨管理公約」是最早保護鯨魚免於捕殺的公約。其適用的範圍含括所有存在捕鯨活動的海域，包括締約國的領海與內河。公約成立的目的是對鯨群進行適當的保護，從而能永續的發展捕鯨事業。依據此公約所成立之國際捕鯨委員會被授權採取管理的措施，如確定禁捕期與禁捕區；將鯨群區分爲保護群、初期管理群和持久管理群；收集鯨群數的統計數據，以採取積極的監督與控制措施。但這些管理措施顯然並未發生效果，因而有項全面暫停捕鯨活動的規定在一九八五年底生效。

■ 海豹與海狗的保護

在南極、北太平洋與北大西洋地區都存在有保護海豹與海狗的公約或協定。

1.「南極海豹保護公約」其適用的範圍爲南緯六十度以南的南極海域。簽訂的目的在於保護、科學研究與合理利用南極海豹以保持生態的平衡。此外根據「南極動植物保護約定措施」，在南極大陸與浮冰上的海豹也受到保護。這兩項保護措施使得南極各種海豹的分布地區都受到保護。
2.「北太平洋海狗保護公約」之締約國有美國、加拿大、日本和前蘇聯，主要目的在於禁止遠漁船之洋商業捕獵海狗行爲。儘管在實施之後海狗資源迅速恢復，但海洋中的廢棄漁網與塑膠碎片卻使得海狗大量的死亡。

3.挪威與前蘇聯簽訂的「關於限制大西洋東北部海豹捕獵與海豹資源的協議」，協議內容適用於兩種海豹與一種海象，且經雙方同意可擴及其他物種。協議中規定海象完全禁止捕殺；對於海豹的捕獵，規定有禁獵期，禁止使用捕獵的方法如毒藥等，也禁止屠宰動物的殘餘物污染海豹的棲息地。

■ 北極熊的保護

由有北極熊分布的五個國家所共同簽訂的「北極熊保護協議」，規定禁止捕獵北極熊，並在最佳科學數據基礎之下，利用合理的方法來管理北極熊，以保護其穴居地與覓食場所，維持北極熊的生態系統。

我們都是地球村的一份子，地球上環境、資源等事務無不與我們有關，因此積極的參與各個國際保育公約與組織活動，共同來推動自然保育工作，才能充分反映身爲地球村成員應負之責任。

第五章　台灣之生態保育現況（一）

✔自然保留區

✔國家公園

✔特殊地質地形景觀保護

台灣位於亞熱帶地區，雨量充沛，氣候溫暖，全島山巒綿亙，溪谷縱橫，因而具備有沙洲、平原、盆地、丘陵、台地、山岳等地形，且景觀互異，其間孕育了豐富龐雜的動植物資源——脊椎動物約有三千餘種，高等維管束植物四千餘種。

但近年來，由於資源之開發利用，以及濫捕、濫採、濫墾等人爲破壞，致使動植物族群有銳減的現象，甚至遭受絕滅或瀕臨絕種，所以政府無不積極的立法實施管制，推動自然保育工作，並培養保育人才，廣爲宣導保育的知識與觀念。

本章擬就政府立法推動保育工作的成果、未來保育的構想與展望作分類，介紹自然保留區、國家公園的設立以及特殊地質地形景觀的保護，說明國內各項生態資源的保育情形。

第一節　自然保留區

我國自民國七十五年起，即根據文化資產保存法並經自然文化景觀審議小組評定，陸續設立自然保留區，截至八十六年爲止，共設置了十八個自然保留區（圖5-1），分布於全省各地。本節將就自然保留區的定義、台灣自然保留區的分類與自然保留區的功能分別作介紹。

一、自然保留區的定義

自然保留區是依據七十一年所公布的文化資產保存法第六章第四十七條：自然文化景觀依其保育特性區分爲自然景觀、具代

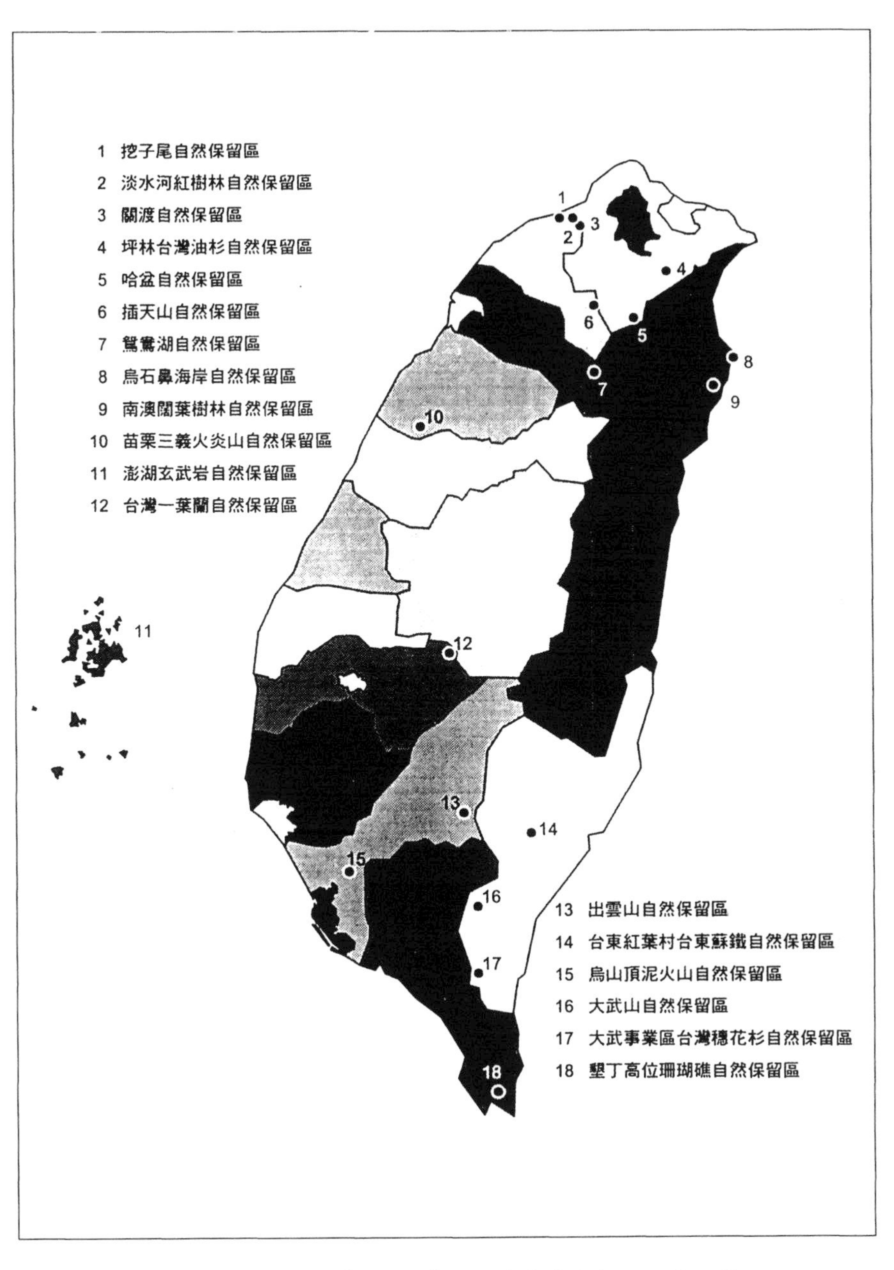

資料來源：《自然保留區經營管理手冊》，行政院農委會，86年9月。

圖5-1　台灣地區自然保留區位置圖

表性的生態體系、獨特的地質地形景觀及特殊植物或稀有動植物的生長場所，必要時得畫定自然保留區保護之。保留區內禁止遊憩發展及相關的建設，也不允許引進外來物種與採集標本等。簡單來說是一個受嚴格保護、僅供學術研究的場所。

二、台灣的自然保留區

目前台灣的十八個自然保留區之中，有十一處由林務局各林區管理處負責經營管理業務，有二處保留區屬台灣省林業試驗所管轄；一處保留區由退輔會森林開發處管理；一處保留區屬台北市政府；其餘三處則由所在地的縣政府經營管理。

自然保留區依據本身的防禦性與需要人爲干預經營的強度區分爲四級，第一級爲需要強度人爲干預或經營的自然保留區；第二級爲需分區經營，部分分區需強度人爲干預的自然保留區；第三級爲監測爲主、經營爲輔的自然保留區；第四級爲保留現狀，不進行人工干預的自然保留區。其詳細的分級特徵與所屬自然保留區的相關資料說明如後。

（一）第一級保留區

需強度人爲干預或強度經營的自然保留區。

■ 特徵

1.此類保留區面積較小。

2.保護的對象爲演進前期的植物。

3.一般而言，受保護的植物較其他植物的競爭能力弱；保護對象也可能是植物以外的生物。

4.外在的干擾程度大，即保留區周圍的居民或相關人士的敵意大。

5.防禦性較低，極需人力的強力干預，以達保育保留區內生物的效果。

■ 所屬保留區

1.挖子尾自然保留區：

⑴地點：台北縣八里鄉埤頭村，爲淡水河出海口南岸附近之淤泥地，屬河口潮間帶生態系。

⑵面積：三十公頃。

⑶主要保護對象：水筆仔（Kandelia candel）純林及其伴生之動物。

⑷管理單位：台北縣政府。

2.淡水紅樹林自然保留區：

⑴地點：台北縣淡水鎭竹圍竿蓁里淡水河北岸，離淡水河口約五公里，亦屬河口生態系。

⑵面積：七十六・四一公頃。

⑶主要保護對象：水筆仔紅樹林、生存其間之生物及所構成之生態系。

⑷管理單位：台灣省林務局羅東林區管理處。

3.關渡自然保留區：

⑴地點：基隆河注入淡水河匯流處至關渡堤防外一帶，屬潮間帶河岸淤積沼澤地。

⑵面積：五十五公頃。

⑶主要保護對象：水鳥。

⑷管理單位：台北市政府。

4.坪林台灣油杉自然保留區：

⑴地點：台北縣坪林鄉境內，屬林務局羅東林區管理處文山事業區第二十八、二十九、四十、四十一林班。

⑵面積：三十四・六公頃。

⑶主要保護對象：台灣油杉（Keteleeria davidiana var. formosna）。

⑷管理單位：台灣省林務局羅東林區管理處。

5.台灣一葉蘭自然保留區：

⑴地點：嘉義縣阿里山鄉境內，屬林務局嘉義林區管理處阿里山事業區第三十林班。

⑵面積：五十一・八九公頃。

⑶主要保護對象：台灣一葉蘭（Pleione formosna）及其生態環境。

⑷管理單位：台灣省林務局嘉義林區管理處。

6.台東蘇鐵自然保留區：

⑴地點：台東縣延平鄉境內，由紅葉村步行約二小時路程之鹿野溪沿岸狹長坡地，屬林務局台東林區管理處延平事業區第十九、二十三、四十班地。

⑵面積：二百九十・四六公頃。

⑶主要保護對象：台東蘇鐵（Cycas taitungensis）。

⑷管理單位：台灣省林務局台東林區管理處。

（二）第二級保留區

需分區經營，部分分區爲強度人爲干預的自然保留區。

■ 特徵

1.較上述保留區面積較大。

2.保護對象爲整個生態系和生育其中的生物，有些爲稀有動物。

3.有些地區會受到遊憩壓力的干擾。

4.有些植物或其他組成分子是演進前期的產物，需人爲強力干預。

5.有些區域可規劃爲教育區、相關活動區或經營區等。

■ 所屬保留區

1.鴛鴦湖自然保留區：

⑴地點：新竹縣、桃園縣與宜蘭縣交界之大漢溪上游，行政區屬新竹縣。

⑵面積：全區共三百七十四公頃，包括湖泊三・七五公頃，沼澤地三・六公頃及天然檜木林共三百餘公頃。

⑶主要保護對象：山地湖泊、沼澤生態系，以及檜木、東亞黑三稜（Sparganium fallax）等植物。

⑷管理單位：行政院退除役官兵輔導委員會森林開發處。

2.插天山自然保留區：

⑴地點：台北縣烏來鄉、三峽鎮及桃園縣復興鄉。

⑵面積：七千七百五十九・一七公頃。

⑶主要保護對象：台灣水青岡群落，區內之稀有動植物及其整個生態系。

⑷管理單位：台灣省林務局新竹林區管理處。

（三）第三級保留區

監測爲主、經營爲輔的自然保留區。

■ 特徵

1.面積大、地處偏遠，人爲干預的程度較低。

2.設置的目的在維持生態系的自然狀態，並保持生態系的多樣性。

3.宜設置永久保護區，執行長期的監測工作，提供研究場所，進行各種生態系調查。

■ 所屬保留區

1.哈盆自然保留區：

⑴地點：台北縣烏來鄉福山村與宜蘭縣員山鄉湖西村交界之國有林內，在台北市南方五十公里和宜蘭市西方約十六公里處，屬台灣林業試驗所試驗林第五、六林區。

⑵面積：三百三十二・七公頃。

⑶主要保護對象：該生態系內之天然闊業林、鳥類及淡水魚類。

⑷管理單位：台灣省林業試驗所福山分所。

2.烏石鼻海岸自然保留區：

⑴地點：位於宜蘭縣蘇澳鎮朝陽里境內，範圍自舊蘇花公

路烏石鼻隧道以南至浪速間，包括由海岸至第一道稜線間，爲伸向太平洋的一鼻形半島。

(2)面積：三百四十七公頃。

(3)主要保護對象：海岸天然林及特殊地景。

(4)管理單位：台灣省林務局羅東林區管理處。

3.南澳闊葉樹林自然保留區：

(1)地點：宜蘭縣南澳鄉金洋村境內，屬羅東林區管理處和平事業區第八十七林班。

(2)面積：二百公頃。

(3)主要保護對象：湖泊、沼澤、森林生態系及生育其間的稀有動植物。

(4)管理單位：台灣省林務局羅東林區管理處。

4.出雲山自然保留區：

(1)地點：高雄縣桃源鄉與茂林鄉境內，林務局屏東林區管理處荖濃溪事業區。

(2)面積：六千二百四十八・七四公頃。

(3)主要保護對象：全區的天然林、林內之稀有動植物、溪流及淡水魚類。

(4)管理單位：台灣省林務局屏東林區管理處。

5.大武山自然保留區：

(1)地點：中央山脈南端的東向坡面，台東縣之太麻里、達仁及金崙鄉境內。

(2)面積：四萬七千公頃。

(3)主要保護對象：野生動物及其棲息地、天然林及高山湖泊等。

⑷管理單位：台灣林務局台東林區管理處、屏東林區管理處。

6.台灣穗花杉自然保留區：

⑴地點：台東縣達仁鄉境內，大武事業區第三十九林班。

⑵面積：八十六・四公頃。

⑶主要保護對象：當地唯一的裸子植物——台灣穗花杉（Amentotaxus formosana）。

⑷管理單位：台灣省林務局台東林區管理處。

7.墾丁高位珊瑚礁自然保留區：

⑴地點：台灣南端恆春鎮社頂附近之高位珊瑚礁天然林。

⑵面積：十三萬七千六百二十五公頃。

⑶主要保護對象：高位珊瑚礁及其特殊的生態系爲主要保護對象。

⑷管理單位：台灣省林業試驗所恆春分所。

（四）第四級保留區

保留現狀，不進行人工干預的自然保留區。

■ 特徵

1.保護特殊地質、地形和地景。

2.在初期需建立預防破壞措施並儘量避免人爲干預。

■ 所屬保留區

1.苗栗三義火炎山自然保留區：

⑴地點：苗栗縣三義鄉及苑里鎮，高速公路和新中苗線公

路交會處附近。

⑵面積：二百一十九・〇四公頃。

⑶主要保護對象：崩塌斷崖之地理景觀和生育其上的松樹林。

⑷管理單位：台灣省林務局新竹林區管理處。

2.澎湖玄武岩自然保留區：

⑴地點：澎湖群島東北海域上，包括小白沙嶼、雞善嶼、錠鉤嶼等三處玄武岩島嶼。

⑵面積：十九・一三公頃。

⑶主要保護對象：玄武岩地景。

⑷管理單位：澎湖縣政府。

3.烏山頂泥火山自然保留區：

⑴地點：高雄縣燕巢鄉深水村烏山巷附近，屬高雄縣政府縣有林地。

⑵面積：四・八九公頃。

⑶主要保護對象：泥火山地景。

⑷管理單位：高雄縣政府。

三、設置自然保留區具有的功能

1.讓自然生態系中各種動植物環境得到適當的保護與利用。

2.提供長期研究生態演替與生物活動的機會。

3.提供作爲人類活動引起自然與生態系統改變時的基準值。

4.可長期保存複雜的基因庫，提供作爲生態與環境教育的訓練場所。

5.可作爲稀有及瀕臨絕滅生物種類與獨特地質地形景觀的庇護區。

第二節　國家公園

依據一九六九年在印度舉行的「國際天然資源保育聯合會第十屆總會」，各國對「國家公園」所採納之定義爲：「國家公園爲一個面積較大的地區」。

1.國家公園內應有一個或數個生態體系，未遭到人爲開採或定居而改變，園區內的動植物種類、地質、地形及棲息地具有特殊的學術、教育及遊憩價值。
2.該區應由國家最高的權宜機構負責管理事宜，以防止或儘速排除園區內的開採與居住活動，並對區內的生態、地質與自然景觀執行有效的保護措施。
3.准許遊客在特殊情況下進入園區，以達成啓發、教育及遊憩的目的。

根據國家公園法第六條規定之選定標準，國家公園需具備的條件如下：

1.具有特殊自然景觀、地形、地物、化石及未經人工培育自然演進生長的野生或孓遺動植物，足以代表國家自然遺產者。
2.具有重要之史前遺跡、史後古蹟及其環境，富有教育價值，足以培養國民情操，須由國家長期保存者。

3.具有天賦之自然資源，風景特異、交通便利、陶冶國民性情，供遊憩觀賞者。

由此可知，所謂「國家公園」的設立，除爲了保護國家特有的自然風景、野生物、人文史蹟，並提供國民育樂和研究之用外，國家公園具有不可取代的國家性代表意義，同時它要經過全國人民的公認，因爲它是屬於全國人民的共有資產。

一、國家公園的價值

國家公園的價值可分爲健康價值、精神價值、科學價值、教育價值、遊憩價值、環境保護價值與經濟價值，其詳細說明如下：

（一）健康的價值

國家公園提供了人們強健體能、靜態休閒的場所，滿足人類心理生理上的需求，使現代人緊張繁忙的生活能得到紓解。

（二）精神的價值

國家公園壯麗奇偉的景觀和人文歷史遺跡，提供了人們精神上的慰藉。它們常反映人類高尚的情操，培養人們自尊的情懷。

（三）科學的價值

自然是提供科學研究的環境，是一切科學發展的泉源，無論生物科學、自然科學、工程科學都可以從自然中找出法則。尤其自然界是豐富的基因庫，保護稀有動植物的基因，是國家公園的主要任務之一。

（四）教育的價值

大自然是學習自然環境的最佳場所，也是大眾教育與學校教育的最佳教學環境。

（五）遊憩的價值

國家公園與各省、市、地方級的公園的特性有很大的不同，它是所有公園系統中層次最高的。一般而言，國家公園重保育，遊憩實爲附屬性功能，但仍提供了高品質的國民遊憩環境。

（六）環境保護的價值

國家公園內限制不當的開發及大型工程活動，可以避免許多人爲因素造成的災害。有助於集水區水質及水量的保護。對於自然生物、原始環境、土地資源與歷史古蹟的保護更是功不可沒。

（七）經濟的價值

國家公園的設置可以促進其周圍地區的經濟活動。由於國家公園內只允許服務性的設施，不允許營利事業的存在，而「國家公園」本身的號召力和吸引力可帶來大量的經濟活動，這些活動僅能發生在國家公園周圍的範圍，當這些經濟活動乘數效果達到最高時，可以使公園周圍地區普遍獲得利益，這即是「市區外發展，經濟利益歸於地方」的原則。

二、國家公園的功能

以我國國家公園的功能而言，除保存生態體系外，對國土的保安、氣候的調節及森林維護，都有難以估計的價值。尤其在本島這種特殊的地形、地勢、氣候條件之下，為保障河川上游地區居民的安全和經濟活動，上游地區設置國家公園是符合自然平衡法則的最佳安排。例如位居台灣中部的玉山國家公園，位於中央山脈最高地帶，是中南、東部主要河流的發源地，也是維繫下游居民生活的命脈，如果任由不當的使用開發，對整個國土的保安而言，所造成的災害不是資源利用後微小的收益所能彌補的。

對台灣而言，國家公園的功能可從綜合性功能與分區性功能二方面加以說明：

（一）國家公園的綜合性功能

1.提供特定生態環境的保護。
2.保存遺傳物種。
3.提供國民遊憩，繁榮地方經濟。
4.促進學術研究，提供教育環境。

國家公園法第十二條中規定，依照資源和環境的特性，可把國家公園全區畫定為一般管制區、遊憩區、史蹟保存區、特別景觀區、生態保護區等，每個分區都有不同的管理準則，也有不同的功能。

（二）國家公園的分區性功能

1.生態保護區的功能：具有科學研究及教育的功能，尤其有助於生命科學的研究。

2.特別景觀區的功能：可以透過雄偉自然的特殊景觀，陶冶身心，鍛鍊體魄。

3.史蹟保存區的功能：可由記載先民的生活方式，體認天、地、人和諧共存的關係，培養出敬天尊祖的品德。

4.遊憩區的功能：可藉以恢復因工商社會緊張生活而疲憊的身心。

5.一般管制區的功能：具有其他土地利用的價值。

三、台灣的國家公園

台灣的各個國家公園除景觀、人文資源互異外，尚兼具有保育、教育及遊憩的功能，也有其規定上的分區使用限制。以下內容爲國家公園內各個分區的使用限制及各國家公園的詳細介紹。

（一）分區使用限制

按我國國家公園法的規定，園區內可分爲五區，分別是生態保護區、特別景觀區、史蹟保存區、一般管制區、遊憩區，其發展使用限制如下：

1.生態保護區：嚴格保護僅供生態研究的自然地區。

2.特別景觀區：指特殊天然景觀區域，僅允許步道及相關的公共設施，限制高度遊憩及商業性質的開發。

3.史蹟保存區：指保存重要史前遺跡、史後文化遺址及有價值的歷史古蹟區域，其保護程度與生態保護區相同。

4.一般管制區：允許原有土地使用的區域。

5.遊憩區 ：可准許興建適當遊憩設施的地區。

（二）各個國家公園的介紹

台灣的國家公園自民國七十一年元月墾丁國家公園成立後，相繼有玉山、陽明山、太魯閣、雪霸、金門國家公園的成立（圖5-2）。各國家公園的位置與範圍、面積、氣候、景觀與人文資源介紹如下：

■ 墾丁國家公園（圖5-3）

1.位置與範圍：墾丁國家公園位於台灣最南端的恆春半島上，三面環海，東瀕太平洋，西臨台灣海峽，南面巴士海峽。

2.面積：陸域面積一萬七千七百三十一公頃，海域面積一萬四千九百公頃，兼具山海之勝。

3.氣候：墾丁位於熱帶地區，夏季漫長潮濕而炎熱，冬季則不明顯，每年十月至翌年四月是本區的乾季，此時東北季風盛行，當地人稱為「落山風」。

4.景觀資源：

⑴全區具有多樣性的自然景觀，如珊瑚礁地形，孤立山峰、湖泊、草原、沙丘、沙灘及石灰岩洞等地形發達。

⑵由於恆春半島植物體系與菲律賓相近，具熱帶特徵的海

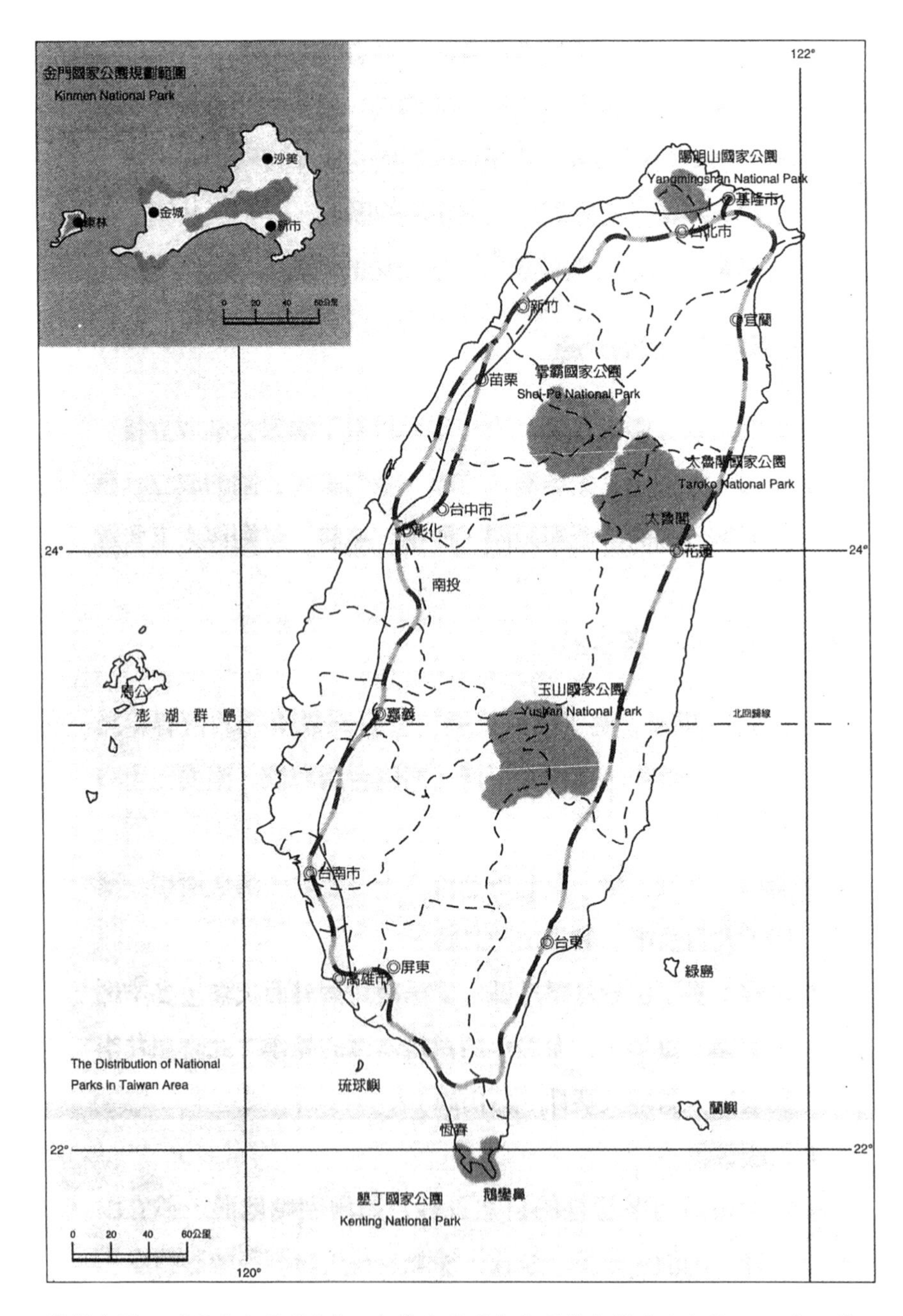

資料來源：《國家公園通訊》，中華民國國家公園學會保育出版社，85年9月。

圖5-2 台灣地區國家公園分布圖

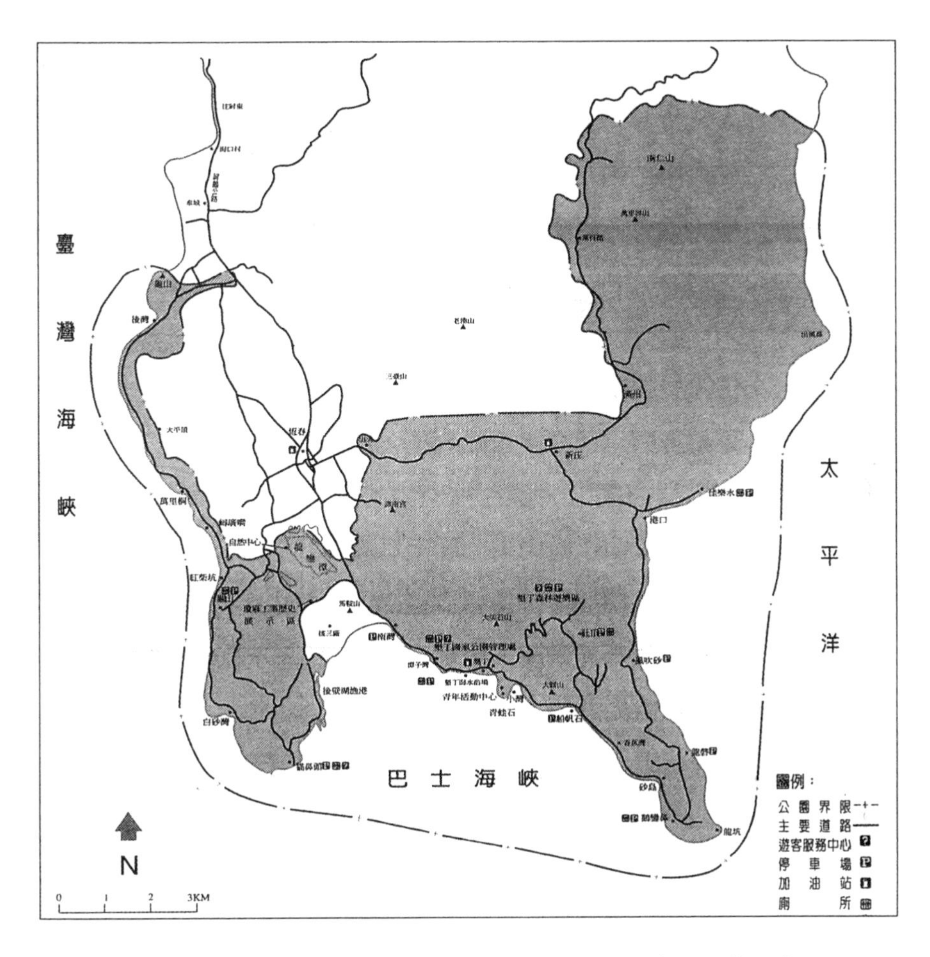

資料來源：《墾丁國家公園簡訊》，內政部營建署墾丁國家公園管理處，88年1月。

圖5-3 墾丁國家公園園區簡圖

岸林及季風雨林是當地獨特的植物景觀。複雜的植物相成爲眾多野生動物的最佳棲所。

(3)黑潮流經墾丁海域，清澈溫暖的海水孕育豐富的海洋生物——珊瑚、魚類、貝類與藻類等。

5.人文資源：除了自然資源外，距今約四千年歷史的史前遺址、南仁山石板屋以及鵝鑾鼻燈塔等，都是珍貴的人文資產，具考古研究價值。

■ 玉山國家公園（圖5-4）

1.位置與範圍：玉山國家公園位於台灣的中央地帶，東隔台東縱谷與東部海岸山脈相望，西臨阿里山山脈。其範圍東起馬利加南山、喀西帕南山、玉里山主稜線，南沿新康山、三叉山後沿中央山脈至塔關山、關山止，西至梅山村西側溪谷順楠溪林道西側稜線至鹿林山、同富山，北沿東埔村第一鄰北側溪谷至郡大山稜線，在順哈伊拉漏溪再至馬利加南山北側。

2.海拔高度：全區海拔高度由三百公尺直升至三千九百五十二公尺的玉山主峰。

3.面積：十萬零五千四百九十公頃。

4.氣候：台灣地處亞熱帶地區，而玉山國家公園位居中央山脈，海拔高度超過三千五百公尺。因此氣候隨著地形地勢差異變化極大，具有寒、溫、暖、熱四大氣候類型。本區的年雨量豐沛，約在三千至四千七百公釐，雨季較集中於五月至九月，十月至十二月爲乾季適合登山，一月至三月則高山深雪積聚難以攀登。

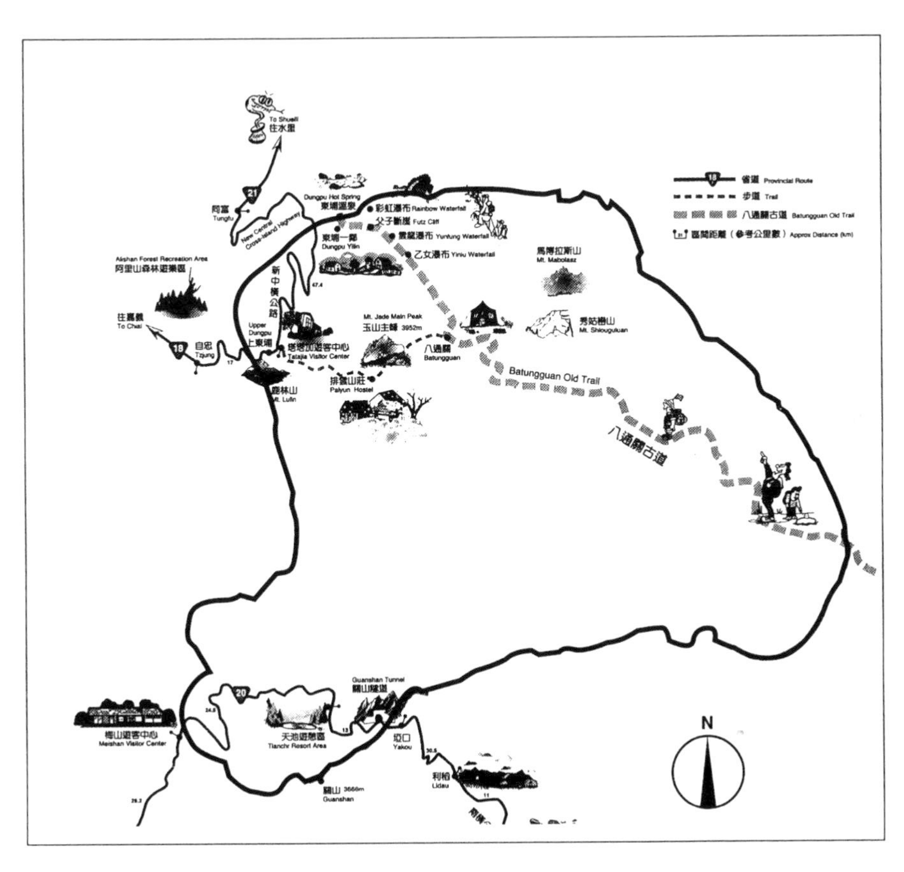

資料來源：《玉山——山岳之旅》，交通部觀光局，86年12月。

圖5-4　玉山國家公園遊憩簡圖

5.景觀資源：

⑴公園內山巒疊嶂，高山、瀑布與斷崖景觀豐富。冬雪夏綠的季節變化與天候景緻令人流連。

⑵天然植被因海拔上升而變化，由高而低有寒原植被、玉山圓柏、冷杉林、鐵杉林、檜木林及闊葉樹林，且大多爲原始植被。

⑶豐富的植被與自然地形成爲野生動物最佳的棲息環境，哺乳類、鳥類、兩棲類與昆蟲等分布極爲豐富。

⑷最足以代表玉山地區的動物生態精華是台灣黑熊、長鬃山羊、水鹿、台灣獼猴、帝雉、藍腹鷴、山椒魚及曙鳳蝶等特有種。

6.人文資源：一八七五年清光緒年間，闢建由南投竹山經東埔的八通關古道，是現今玉山國家公園中最重要的人文資產。漢人的墾荒歷史與砌路手法、原住民布農族的歌舞與編織，也爲本區獨特的歷史遺跡及藝術。

■ 陽明山國家公園（圖5-5）

1.位置與範圍：陽明山國家公園位於台灣最北端的富貴角海岸與台北盆地間全區，以大屯山群彙爲主。

2.海拔高度：從二百公尺到一千一百二十公尺。

3.面積：一萬一千四百五十六公頃。

4.景觀資源：

⑴因火山活動所造成的錐狀與鐘狀火山體、火山口，以及斷層帶上噴發不息的硫氣孔、地熱與溫泉，都具有研究與育樂的價值。

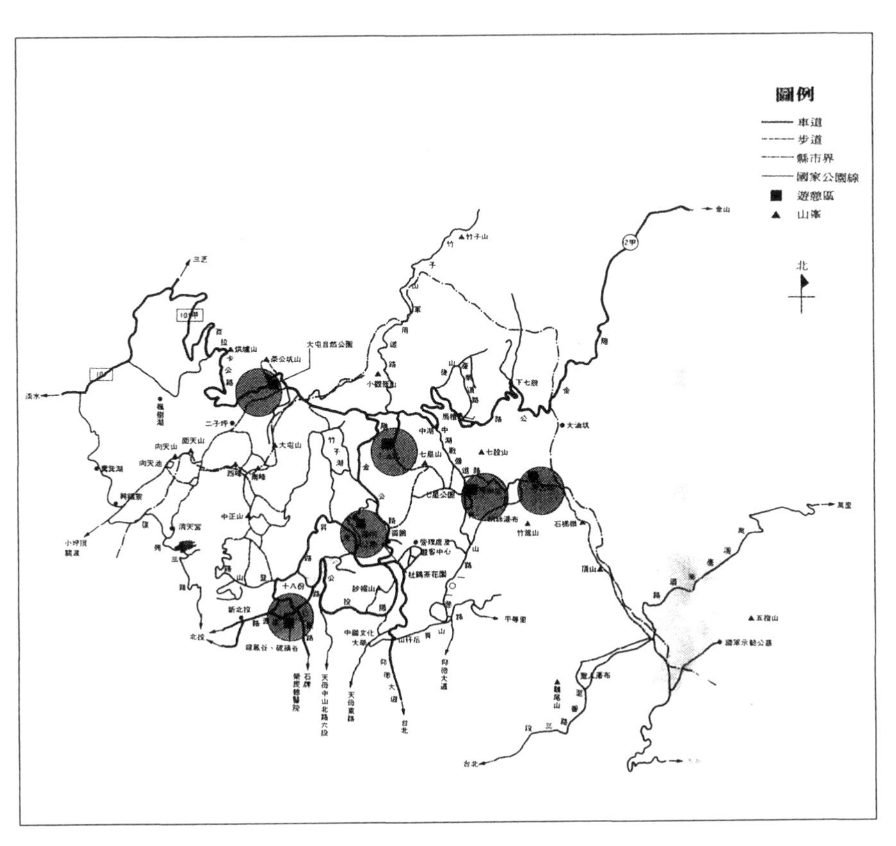

資料來源：《陽明山國家公園簡介》，內政部營建署陽明山國家公園管理處，82
年。

圖5-5　陽明山國家公園遊憩簡圖

(2)整個山區環境及大屯山彙由中央向四周輻射而出的放射狀水系，造成複雜有趣的地形，再加上季風的影響，使得國家公園上具高草原、矮草原、闊葉樹林、亞熱帶雨林與水生植物等複雜的植物群落，並孕育豐富的野生動物。

(3)園區內最具特色的珍貴物種有台灣水韭、大屯杜鵑與步道間常見的蝴蝶與鳥類。

陽明山國家公園緊鄰台北都會區，爲緊張忙碌的都會人士帶來一股清流，每逢假日，常見人車湧進陽明山區賞鳥或健身遊憩。提供都會區遊憩服務功能，是陽明山國家公園最重要的任務。

■ 太魯閣國家公園（圖5-6）

1.位置與範圍：太魯閣國家公園位於台灣東部，座落於花蓮、台中及花蓮三縣。其範圍以立霧溪峽谷、東西橫貫公路沿線及其外圍山區爲主，包括合歡群峰、奇萊連峰、南湖中央尖山連峰、清水斷崖、立霧溪流域及三棧溪流域等。

2.面積：九萬二千公頃。

3.氣候：海拔分布高度由海平面至三千七百四十公尺的太魯閣國家公園受地形、地勢的影響，造成複雜的氣候帶及氣象萬千的景觀。本區屬於山地地形，氣溫隨著海平面高度的上升而遞減；年雨量平均在二千公釐以上，地勢較高處雨量更多，五百公尺以下的河谷平原年雨量及雨日都較少，冬季略乾，降雨強度弱。

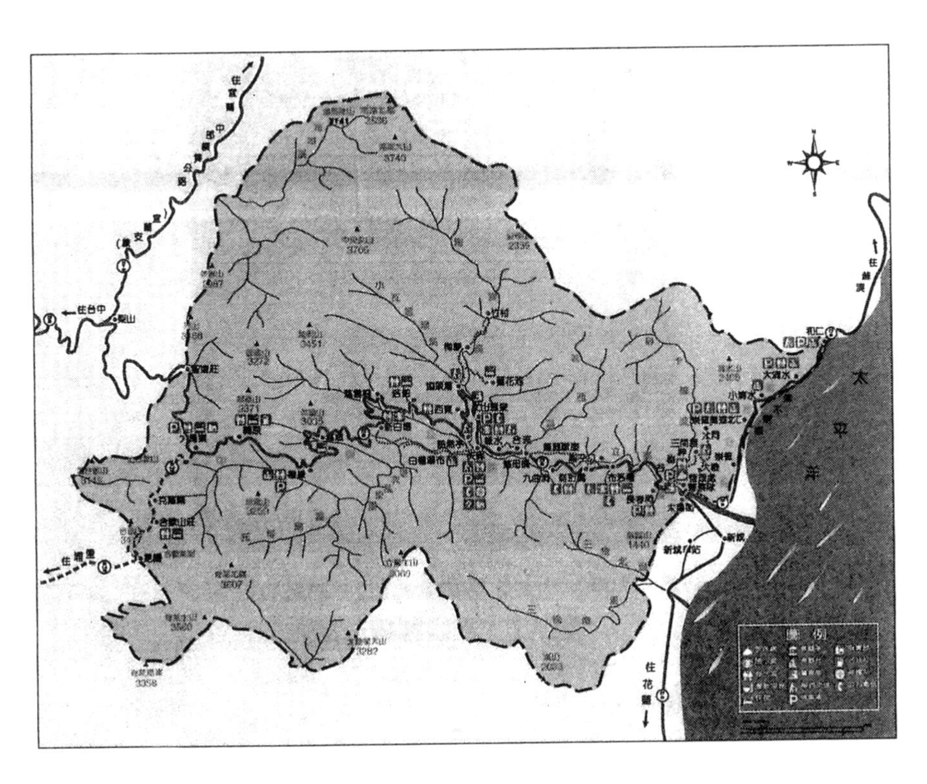

資料來源：《太魯閣國家公園月訊》，內政部營建署太魯閣國家公園管理處，88年7月。

圖5-6　太魯閣國家公園遊憩簡圖

資料來源：「太魯閣峽谷風光」，觀光局摺頁 。

圖5-7　太魯閣峽谷景觀

4.景觀資源：

(1)約在二百萬年前，由於菲律賓海洋板塊與歐亞大陸板塊發生碰撞，形成古台灣，劇烈的地殼變動與擠壓形成台灣中央山脈四千公尺的高山稜脊，而立霧溪豐沛河水不斷切蝕太魯閣的大理岩層，形成了舉世聞名的峽谷景觀（圖5-7），並成為今日太魯閣國家公園雄偉壯麗的景色。

(2)太魯閣地形錯綜複雜、地勢高聳，著名的山岳有南湖大山、中央尖山、合歡山與奇萊連峰等。因立霧溪及其支流切蝕作用造成的峽谷景觀，最著名的有燕子口、長春祠、九曲洞與白楊瀑布等。

(3)沿著中橫公路由太魯閣口到三千五百公尺以上的亞寒帶高山，可以觀察到千餘種不同的維管束植物、闊葉林、石灰岩生植物、檜木林、雲杉林、鐵杉林、冷杉林、玉山圓杉與高山植被等。可以說是台灣植物生態體系的縮影，多變化而自然的地形，豐富的植物資源與保存原始的山區環境，棲息著種類數量豐富的野生動物。

5.人文資源：錐鹿古道闢建歷史、中橫公路開拓史與泰雅人遷徙、歌舞與編織藝術，均是值得研究保存的人文史蹟。

■ 雪霸國家公園（圖5-8）

1.位置與範圍：雪霸國家公園的所在雪山山脈位於台灣脊樑山脈——中央山脈的西側，跨越新竹、苗栗、台中三縣的交界處。園區內涵蓋雪山山脈主段雪山地壘及地壘內的山峰，包括大霸尖山、武陵四秀（品田山、池有山、桃山、喀拉業山）、雪山、志佳陽大山、大劍山、頭鷹山、大雪山等。

2.面積：七萬六千八百五十公尺。

3.景觀資源：

(1)主要的山峰有標高三千八百八十六公尺的雪山及大霸尖山、大劍山、桃山與品田山等。崎嶇的地形與原野自然環境成為雪霸國家公園的景觀主軸。

(2)高山地形因受大甲溪、大安溪與大漢溪之侵蝕切割，形成特殊地形景觀，如大甲溪峽谷峭壁、佳陽沖積扇與河階、環山地區環流丘地形、肩狀稜地形、河川襲奪等。

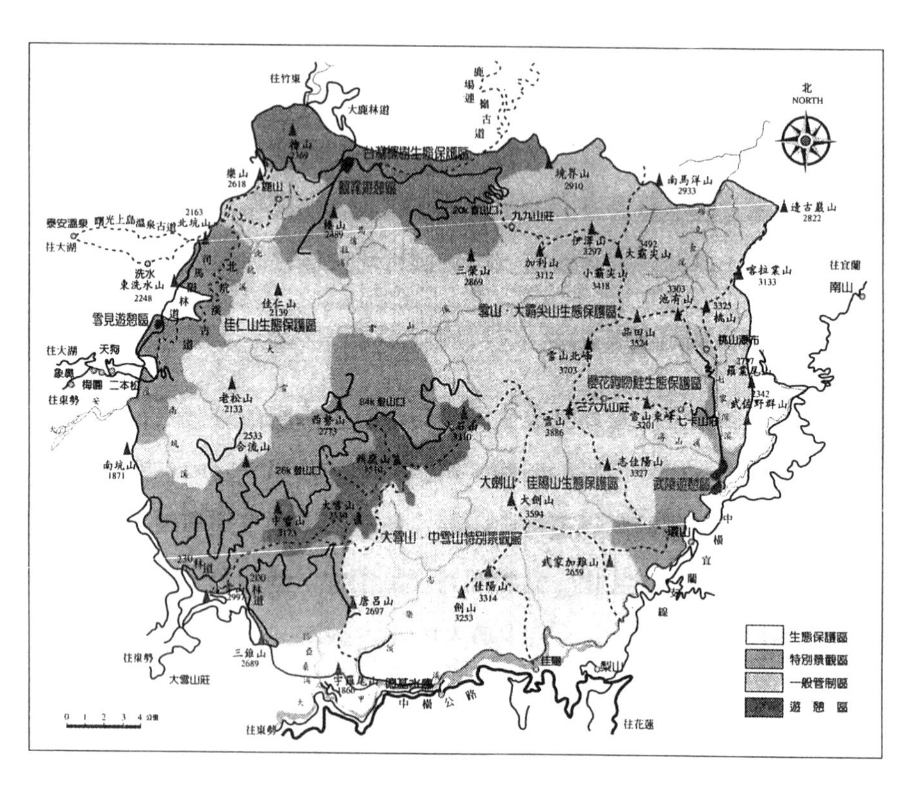

資料來源：《雪霸國家公園簡訊》，內政部營建署雪霸國家公園管理處，88年1月。

圖5-8　雪霸國家公園遊憩簡圖

(3)野生動物喜棲息於園區內地形富變化而自然的山區內，其中珍貴者如櫻花鉤吻鮭（台灣鱒），是原棲息於七家灣溪的洄游魚類，因人為捕捉、水庫的建設與棲息地環境改變而有絕種之虞，政府正積極復育中。

■ 金門國家公園（圖5-9）

金門舊名浯洲、仙洲，明洪武年間築城於此，取其「固若金湯，雄鎮海門」，故改稱金門。由於金門為忠賢志士避禍之處，戰略地位十分重要。自一九四九年以來的國共戰役共有古寧頭戰役、八二三炮戰等。

隨著台海兩岸情勢的轉變，金門前線已於一九九三年十一月七日解除戰地政務。因長期戰爭而遺留下來的史蹟與位址具有解說介紹的價值。而前人墾荒，其民宅、古蹟、文物，甚至島嶼周圍自然環境及人為演替的現象，都具有研究保存價值。因而經由政府的調查研究，將金門部分地區規劃為「國家公園」，面積五千七百四十五公頃，其中包括古寧頭區、太武山區、古崗區、馬山區、復國墩區及列嶼區等。

除了戰役紀念史蹟、傳統聚落及文物外，金門之自然環境也很特殊，在地質上為花崗片麻岩形成的丘陵地形。在林相上因近三十年來政府推行「綠化金門」至今，成果斐然，享有為「海上公園」的美譽。全島五千九百三十九公頃的保育林地含三百零三種植物，熱帶闊葉林型的樟樹、楝樹、榕樹均茂盛。

動物資源上則有豐富的鳥類資源，金門因近大陸邊緣，為候鳥遷徙的中繼站，目前發現有一百九十九種野鳥，其中以鷸科三十一種最多，相當具研究與解說價值。

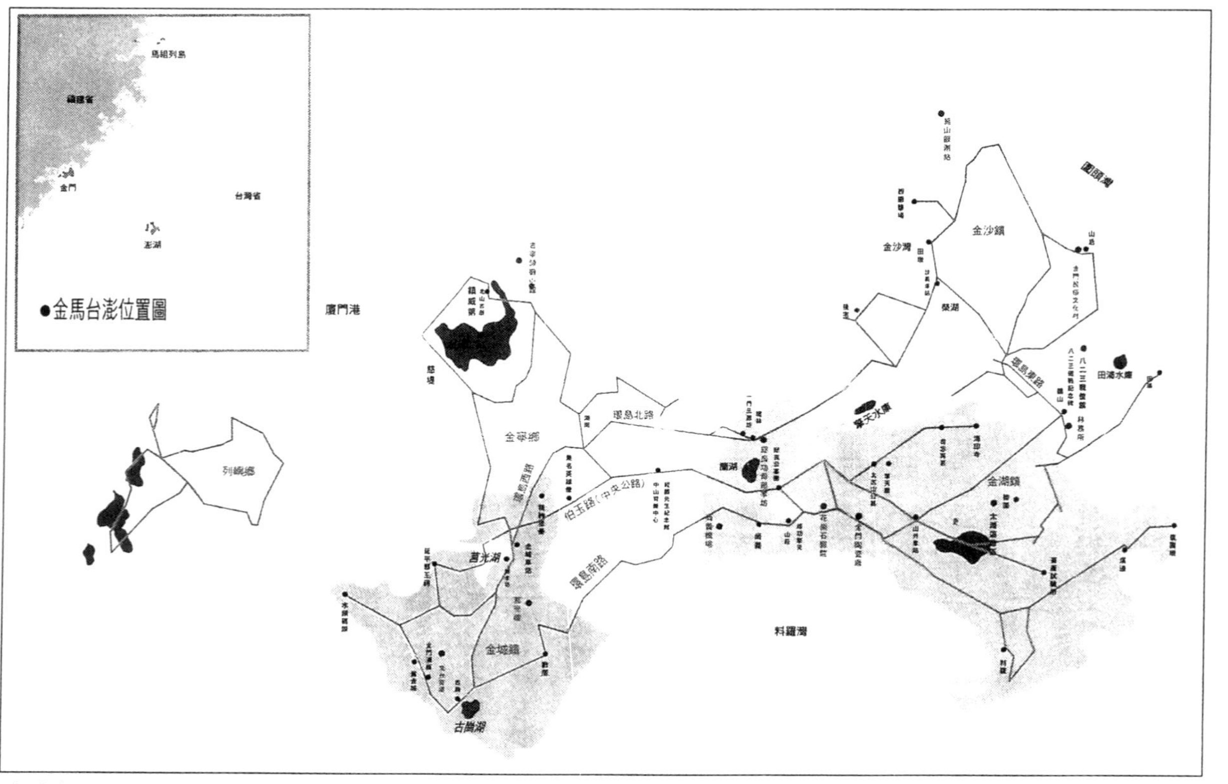

資料來源：「金門」，交通部觀光局摺頁。

圖5-9　金門國家公園簡圖

第三節 特殊地質地形景觀保護

台灣地形的構成原因及其所造成的特殊地質地形景觀，是本節介紹的重點，而政府所設立地質地形保護區，包括化石保護區、泥火山地景保護區、火炎山地景區、壺穴與海蝕地形保護區，其詳細介紹如下：

一、台灣地形景觀

台灣的地理位置介於太平洋海盆的西側，屬於亞洲大陸的邊緣，由於位處歐亞大陸板塊與菲律賓板塊的交界處，板塊間的擠壓所伴隨的褶皺運動、斷層運動，以及不斷的地盤隆起、地震、火山噴發、侵蝕、風化、崩山等綜合作用，孕育出台灣具獨特性、複雜性及珍貴性之地形景觀。

台灣之地形景觀可分成：

1. 海岸地形：如花東海岸、蘇花海岸等具豐富多變的海蝕崖、海蝕平台、海蝕柱地形等，是典型的海岸侵蝕地形（圖5-10）。
2. 河流地形：如太魯閣國家公園內由立霧溪切蝕而成的峽谷與河階地形，花東縱谷的花蓮溪、卑南溪與秀姑巒溪，皆具有河階地、沖積扇、急流、曲流等河川之美。

資料來源：「東北角海岸」，交通部觀光局摺頁。

圖5-10　蕈狀岩群

3.火山地形：如陽明山國家公園內的大屯火山群彙。

4.平原地形：如東部的蘭陽平原、南澳沖積扇、立霧溪沖積扇、台東平原以及西部的嘉南平原等。

5.火炎山地形：如三義、六龜、雙冬的火炎山地形。

6.台地地形：林口台地、桃園台地。

7.盆地地形：如台北盆地、台中盆地、埔里盆地、台東縣泰源盆地等

8.高山地形：高山地形包括如玉山、雪山、秀姑巒山、南大湖山、大武山皆有三千公尺以上。

9.泥火山地形：如高雄縣烏山頂、養女湖、千秋寮及月世界的泥火山以及恆春鎮的出火，都是具有保護價值的泥火山地形。

10.島嶼地形：如龜山島、綠島、蘭嶼、小琉球、澎湖列島

等。

二、特殊地質地形景觀保護區

由於人類開發行為，如土木工程、水利工程、社區開發、農藝利用、魚塭的開闢、採取砂石、採礦、林木砍伐、墓地開發等的破壞，自然地質地形景觀已遭受嚴重的危害。

有鑑於此，政府已積極的進行各地地質地形基本資料的調查，一方面設立特殊地質地形的保護區，以強化自然生態的保育；一方面規劃管理維護措施，加強宣導、建立解說教育制度等保育工作。以下為政府已設立之特殊地質地形保護區，包括高雄縣四德化石保護區；高雄縣烏山頂、養女湖、花蓮縣富里羅山等泥火山地景保護區；苗栗三義、南投雙冬、高雄六龜等火炎山地景保護區；基隆壺穴與海蝕地形保護區等。

（一）高雄縣四德化石保護區

位於高雄縣甲仙鄉和安村四德巷附近國有林班地，化石種類繁多，其斷崖或溪谷滾石中含有多種貝類化石，已由林務局進行調查規劃並予以保護。

（二）泥火山地景保護區

■ 泥火山景觀特色

泥火山乃因泥漿與氣體同時噴出地面後，堆積而成，外形為錐狀小丘或盆穴狀，丘的尖端常有凹穴，並且間歇性地噴出泥漿與氣體，這些氣體常可點燃或自行燃燒。

■ 泥火山出現的常有特徵

1.有泥岩層的分布，供應泥火山泥漿噴發的來源。

2.有天然氣外湧。

3.具有斷層等通路，允許氣體與泥漿的湧出。

■ 分布地區與優先保護區

本省泥火山出現的主要地區在台南、高雄、花蓮、台東縣境內，其中高雄縣烏山頂泥火山區、養女湖泥火山區、千秋寮泥火山區、花蓮縣富里羅山、台東關山等泥火山，被選定爲優先保護的範圍。

（三）火炎山地景保護區

■ 地形特徵

火炎山的地形特徵是在短距離內高度的變化大，而且忽高忽低，地形切割破碎。苗栗縣三義、南投縣雙冬、高雄縣六龜等地的火炎山都是相當特殊的地形景觀。

■ 形成條件

形成火炎山地形的必備條件，是地質上必須有厚重的礫石層，而且礫石與礫石間的膠結不太細密。礫石層長久受空氣、雨水、生物等不斷的風化與侵蝕、沖刷以及重力的影響，在坡面上的礫石會隨重力往下崩落，加上礫層透水性良好，使得往下切的侵蝕容易進行，相對地礫石層乾燥時又能維持陡立的山坡。在上述的綜合作用之下，使得侵蝕的結果，造成壁立的陡坡密布深谷以及深谷裡滿布卵石流。

■ 優先保護區

以上所提的三處火炎山所在地均屬國有林班地，其管理保護工作由林務局納入林區經營計畫中。其中三義火炎山已經依文化資產保存法核定公告為自然保留區，六龜火炎山及雙冬火炎山亦被列入優先的保護對象。

1.雙冬火炎山：位於台中縣與南投縣交界烏溪北岸草屯往埔里公路左側。分布面積約達十五平方公里，最高峰六百八十三公尺。雙冬火炎山直立圓錐狀小山峰群，從遠處望去，很像跳躍的火焰。據說原有九十九個尖銳的獨立山峰，所以又稱九十九尖峰。由土城隧道附近遙望火炎山，九十九尖峰聳立，襯托峰前的坪林河階及兩側低矮丘陵，其景觀彷彿畫景。

2.六龜火炎山：位於六龜鄉，旗山往六龜公路左側。其地形特徵依然為陡峻的卵石絕壁，環繞著群立的尖銳山峰，最好的觀察地點在板埔附近，當地有好幾個隧道穿過六龜礫岩，隧道的絕壁都是礫層組成，維持近九十度的垂直邊坡。隧道群的北方以及荖農溪對岸均是遙望火焰群起的好地方。

(四) 壺穴地形保護區

壺穴的形成原因為漩渦眾多的急流經過堅硬的河床，挾帶砂石的強烈渦流在河床上進行鑽蝕作用，遂形成圓形凹穴（**圖5-11**）。

壺穴代表著河流正在進行下切或加深作用。壺穴地形在台灣

資料來源：「東部海岸風景特定區」，交通部觀光局東部海岸國家風景管理處。

圖5-11　三仙台壺穴地形

資料來源：「東北角海岸」，交通部觀光局東北角海岸國家風景管理處。

圖5-12　兩組節理切割成的豆腐岩

相當常見，但是密集的程度以及發育的情形，又以台北縣瑞芳鎮三貂嶺車站至平溪鄉大華車站間、基隆河谷及基隆市暖暖區暖江橋下的基隆河畔最具代表性。

（五）基隆海蝕地形保護區

基隆和平島有發育良好的海蝕崖及各種海蝕地形，其中包括蕈狀岩、豆腐岩（**圖5-12**）、海蝕平台與海蝕崖等海蝕地形。

和平島的豆腐岩發育十分良好，顧名思義，所謂的豆腐岩必然是外觀十分像豆腐的岩石，豆腐岩發育的條件十分的嚴格，且必須經海水經年累月不停的衝擊，才能發育成豐富多變的豆腐岩地形，因此應妥善加以保護。

第六章　台灣之生態保育現況（二）

✔沿海自然環境與淡水河川資源保護

✔珍貴稀有動植物之保護

✔保育人員培育與保育觀念之宣導

承接上一章的介紹，本章將說明沿海自然環境與淡水資源保護、珍貴稀有動植物之保護，以及保育人員培育與保育觀念的宣導，以了解台灣之生態保育現況。

第一節　沿海自然環境與淡水河川資源保護

本節擬詳盡地介紹政府在沿海與淡水河川資源保育上的實際作法，其中包括設立十一個沿海保護區，以及對特定河川魚類資源的保育措施。

一、沿海保護區的介紹

台灣海域遼闊，海岸線長且富變化，除了最美、最具變化的地形景觀，海中大量的藻類與浮游生物，更孕育了多種不同的生態環境，供眾多的生物滋長。然而由於經濟的開發，使得一些具獨特景觀與生態系統的海岸遭到不同程度的破壞。

因此，政府爲了保護沿海的自然資源，已於民國七十三核定實施「台灣沿海地區環境保護計畫」，並設立沿海保護區。

「台灣沿海地區環境保護計畫」所選定的沿海保護區包括：淡水河口、蘭陽海岸、蘇花海岸、花東沿海、彰雲嘉沿海、北門沿海、尖山沿海、九棚沿海、墾丁海岸、東北角海岸、北海岸等十一個保護區。

除墾丁海岸、北海岸、東北角海岸及花東沿海保護區已分別納入墾丁國家公園、北海岸風景區（圖6-1）、東北角海岸風景特

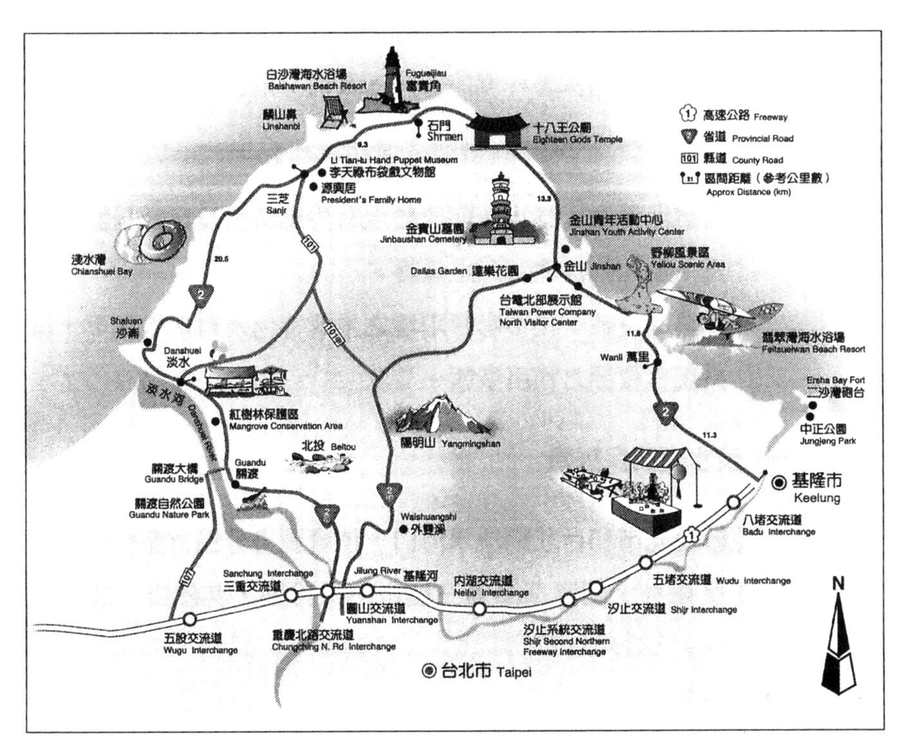

資料來源：「淡水北海岸」，交通部觀光局摺頁。

圖6-1　北海岸風景區簡圖

定區及東部海岸風景特定區的保護範圍外，其他如淡水河口保護區、彰雲嘉沿海保護區、北門沿海保護區、尖山沿海保護區、九棚沿海保護區、蘇花海岸保護區、蘭陽海岸保護區，將在接下來的內容中作詳細的介紹。

「台灣沿海地區環境保護計畫」所選定的十一個保護區、沿海保護區，依區內保護程度的不同，又可分為自然保護區及一般保護區二類，其保護原則如下：

1.自然保護區：禁止任何改變現有生態特色及自然景觀之行為，並加強自然資源之保護。
2.一般保護區：在不影響環境之生態特色及自然景觀下，維持現有資源之利用型態。

(一) 淡水河口保護區

位於台北市和台北縣淡水河口，依資源畫分為竹圍紅樹林、挖子尾紅樹林、關渡草澤等三個自然保護區，其餘為一般保護區。

■ 海岸植物

1.竹圍紅樹林和挖子尾紅樹林沼澤內，主要的優勢植物為水筆仔純林，關渡草澤則是茳茳鹹草、水筆仔和蘆葦。
2.本區的紅樹林為世界分布緯度最北之水筆仔天然純林。

■ 海岸動物

本區紅樹林與關渡草澤之螃蟹、沙蟹及彈塗魚等，數量很多，因此吸引很多鳥類來此覓食。較特殊的鳥類如唐白鷺、黑頭

白 、白頂鶴及爪哇雀等，在台灣地區的紀錄上，只在本地區出現過。

（二）彰雲嘉沿海保護區

位於彰化、雲林及嘉義三縣。北起彰濱工業區南緣，南至八掌溪口，東鄰海岸公路，西至海岸的二十公尺等深線。依自然資源特性畫分爲東石紅樹林保護區（六角大排水渠以南、朴子溪口以北之紅樹林）、好美寮自然保護區（八掌溪口北邊好美寮附近之離岸沙洲、潟湖、紅樹林與防風林），此二處爲自然保護區。

■ 地形景觀

好美寮附近離岸沙洲上大小沙丘遍布，形成獨特之沙丘景觀，沙丘與陸地間之潟湖（泥質潮汐灘地），除部分已開發爲漁塭外，仍可見傳統式之牡蠣養殖風光。

■ 海岸植物

可分爲鹽生植物、紅樹林及沙地植物等。

1.鹽生植物分布於濱海鹽分地，其中的細葉草、海桐及田藍盤爲稀有植物。
2.紅樹林分布於東石與布袋一帶之海濱與河口地區，其中位於塭港沿海的五梨跤爲珍貴稀有物種。
3.沙地植物生長於海邊沙丘地帶。如馬鞍藤、蔓荊、濱水草、濱刺麥等。

■ 海岸動物

海岸動物主要分布於潮間帶之泥質灘地上，除了牡蠣、文蛤、蛤蜊等經濟性貝類外，尙有螺類、腕足類、海膽和蟹類等無脊椎動物。這些無脊椎動物會引來許多水鳥或岸鳥於海邊覓食，因而遷移性的水鳥是此地重要的觀賞資源之一。

（三）北門沿海保護區

本保護區位於台南縣北門鄉。北起八掌溪，南至將軍溪，東鄰台十一號公路，西界海域之二十公尺等深線。依自然資源之特性畫分新北港沙洲（急水溪口以南之王爺港沙洲）及紅樹林生育地區爲自然保護區，其他水域及陸域則爲一般保護區。

■ 地形景觀

本區海岸堆積作用旺盛，爲海積地形，有潮夕灘地、潟湖及離岸沙洲。王爺港離岸沙洲上，大小沙丘遍布，發育良好，以新月丘及鯨背丘最爲典型，平時人跡罕至，沙丘仍多保持自然風貌，沙洲中段防風林密布，南端因受風沙侵積，形成枯木與沙河的特殊景觀。

■ 海岸植物

包括紅樹林及沙地植物。

1.紅樹林植物計有海茄苳、水筆仔、土沉香等。
2.王爺港小沙丘的沙地植物純爲濱水菜群落，較大沙丘則主要爲濱赤麥群落，較內陸者，主要爲馬鞍藤群落，間有濱雀稗、允水蕉、白茅、狗牙根等的介入。

■ 海岸動物

北門附近常見的螃蟹共有十四種，其中以招潮蟹居多。紅樹林及鄰近漁塭與鹽田的鳥類共有一百二十一種，其中多爲遷徙性水鳥。大杓鷸、中杓鷸、黑尾鷸、秧雞、高蹺鴴、跳鴴、反嘴鴴等皆爲台灣地區較稀少不易見的鳥類。

■ 海岸生物

本區海域的魚類因棲息地之不同，區分爲潟湖魚類、沙質海底魚類及河口魚類等不同魚類。潟湖魚類中，彈塗魚多棲息於紅樹林淡水泥灘，具穴棲及曝日之習性，另外鑽嘴、花身雞魚、吳郭魚、臭肚魚則多成群於潟湖游動；沙質海底魚類以鯔科、四齒魨科、鬚鯛科之魚類爲主。河口魚類則常見烏魚、沙鮻出沒。

（四）尖山沿海保護區

位於屏東縣車城鄉。北起尖山附近之蚊罩山西方山谷，南接墾丁國家公園邊界，東界里龍山脈主稜線，並南伸經海口山及海口村北側，西至海域之二十公尺等深線，依自然資源特性，畫定海口附近沙丘分布地與珊瑚礁岩帶，以及尖山至海口附近海域爲自然保護區，其餘爲一般保護區。

■ 地形景觀

1.本區河川向西流入台灣海峽，呈現平行狀水系，由於陸地隆升，河川下切劇烈，因此河谷深切，河床狹窄，其上布滿巨石。河川之沖積物在谷口常堆積成沖積扇或礫灘。
2.尖山爲本區較特殊之獨立山峰，屬於泥岩層中所夾巨大堅硬外來岩塊的侵蝕殘餘地形。
3.尖山、海口間有海階發育，海口西側海岸爲裙狀珊瑚礁分布地區。低潮時露出水面，珊瑚礁內側狹窄沙灘常見沙紋、沙脊等小地形。海口附近有移動性沙丘，隨季節風向變化而進行堆積作用。

■ 海岸動物

有鳥類共六十六種，其中烏頭翁（圖6-2）、棕耳鵯、蒼燕鷗分別爲本省特有及稀有種。

■ 海洋生物

1.尖山沿海礁岩林立，冬春之際馬尾藻叢生礁上，台灣沿海馬尾藻共二十種，海口附近即有十種，在生態及學術研究上具特殊意義。火成岩礁岩區內之藻床魚類則以雀鯛、天竺鯛、擬金眼鯛、隆頭魚、黃尾新雀鯛居多。

2.海口附近海域之珊瑚礁生態系，爲目前台灣本島西部海中珊瑚礁生態系分布最北的一處。在自然地理研究上，具有重要學術研究價值。

資料來源：「東部海岸風景特定區」，交通部觀光局東部海岸國家風景管理處。

圖6-2　烏頭翁

（五）九棚沿海保護區

本保護區在屏東縣滿洲鄉。北起港仔，南接墾丁國家國公園邊界，東至海域之二十公尺等深線，西界山脈第一條稜線。依自然資源特性，畫定港仔與九棚間之沙丘地，以及九棚與南仁鼻間公路以東之珊瑚礁岩帶為自然保護區。其他地區為一般保護區。

■ 地形、地質景觀

港仔與九棚間的九棚溪河口附近沙丘為本區最重要的地形景觀資源。該處沙丘綿延數里，為恆春半島規模最大的沙丘，沙丘向內陸高堆，形成特異的沙河景觀。由於風沙不斷向內堆積，部分林木被沙埋而枯死，形成枯木景觀。沙丘外側有沙灘分布，長約三公里，沙灘南北兩側沿岸皆為裙狀珊瑚礁。

■ 海岸植物

1. 沙丘植物以濱刺麥最為優勢，另有蔓荊，草海桐、苦藍盤等灌木，以及單花海沙菊、馬鞍藤、貓鼠刺、白茅、文珠蘭、白花馬鞍藤等草本植物。其中白花馬鞍藤、截萼黃槿均屬稀有植物。
2. 九棚與南仁鼻間珊瑚礁岩帶，水芫花成群生長，較內側除大群落的文珠蘭之外，尚有黃野百合、苦藍盤、紫背草、蔓荊、長穗草、台灣百合等，如此完整的自然珊瑚礁植物群落為台灣地區所罕見。

■ 海岸動物

本區內的動物資源，計有鳥類三十種、蝶類六種、哺乳類九種。其中藍腹鷴、深山竹雞、黃鸝、黃裳鳳蝶、台灣獼猴等都是本省特有及稀有種。

(六) 花東沿海保護區

本保護區位於花蓮縣及台東縣。北起花蓮溪口，南至卑南大溪口，東至花蓮縣水璉與台東縣重安間海域之二十公尺等深線，西至第一條稜線。依自然資源特性，畫定：(1)花蓮溪口附近；(2)水璉、磯崎間海岸；(3)石門、靜埔間海岸，即石梯坪附近海域；(4)石雨傘海岸；(5)三仙台海岸及其附近海域等五區爲自然保護區，其餘之陸域及水域爲一般保護區。

■ 地形景觀

石梯坪附近遍布海蝕溝及壺穴，壺穴之品質堪稱本省第一。石雨傘爲石灰岩隆起的海蝕柱，附近海岬具豐富的海蝕地形，有岩台、海蝕洞、海蝕溝、壺穴、平衡石等。

■ 海岸植物

水璉、磯崎間屬熱帶雨林，主要植物爲血桐、野桐群叢。海岸植物有馬鞍藤、無根藤、林投、草海桐、台灣蘆竹、結縷草等。

■ 海洋生物

迴游性魚類資源豐富，具觀賞價值的魚類有鯉魚、雀鯛、粗皮鯛、隆頭魚等。本區域也是九孔貝主要天然產地及東部海底珊瑚的主要分布區域。

(七) 蘇花海岸保護區

位於宜蘭縣及花蓮縣。依自然資源特性，畫定烏石鼻海岸、觀音海岸、清水斷崖爲自然保護區，其餘地區爲一般保護區。

■ 地形景觀

本區因受強風巨浪侵蝕，形成許多海蝕地形，如海蝕洞、海蝕凹壁、落石堆等。海蝕洞以觀音海岸最爲發達。此外，尙有由片麻岩組成，突出於海面成半島狀的烏石鼻海岬以及由大理石岩組成的清水大斷崖。

■ 海岸植物

本區植被屬於亞熱帶長綠闊葉林，種類繁多，由於地形陡峭，少有人爲破壞，植物相仍相當自然完整。

（八）蘭陽海岸保護區

本保護區位於宜蘭縣。依自然資源特性畫定蘭陽大橋至蘭陽溪口及蘭陽溪兩岸堤防所涵蓋之區域爲自然保護區，其餘地區爲一般保護區。

本區鳥類極爲豐富，台灣約四百種鳥類中，本區即占有兩百餘種，以遷徙性水鳥占多數，包括鷺科、朱鷺科、雁鴨科、鶴科、鷗科、鸊鷉等多種鳥類，其中的鶴科鳥類不僅台灣其他地區少見，即使於世界各地亦屬極爲稀有的鳥類。

二、淡水魚類資源枯竭

台灣的河川大小共有一百零五條，遍布於全省各地，總計全長約三千公里。過去，這些河川裡有無數的魚蝦，其種類達一百四十種以上，是人類蛋白質來源之一，也提供了人民垂釣遊憩的機會。然而近三十年來，河川中的魚蝦數量與種類都在減少中，有些種類甚至絕跡，據估計在這幾十年來絕滅的種類就有十多種。

目前本省西部的每一條河川均遭到嚴重的污染，約有10％的河段容氧量在2ppm以下，在這種情況下，魚類已幾乎無法生存。此外，在農村附近的小河與溪流魚類也幾乎絕滅了。

造成台灣淡水魚類資源枯竭的原因很多，如非法的毒魚、電魚、棲地破壞、水壩及攔沙壩的興建阻隔、濫捕、河川污染等。此外，政府與民眾對淡水魚類的研究了解與重視不夠，也使溪流中的魚類資源每下愈況。爲維護魚類資源、河川生態系平衡與遊憩機會的提供，對淡水河川的魚類資源保育工作已刻不容緩。

三、淡水魚類資源保育作法

先進國家如美國和日本，爲了能充分保育與利用其淡水資源，在魚類採捕行爲方面，以制定法律的方式設定禁魚期、禁魚區、漁獲量限制、網目限制及魚種體型限制等，並設置專責行政機構，聘請專業人員管理及執行法律，改善魚類棲息環境，設立淡水魚類孵化場，課徵魚具及釣魚證照費用並以其收入用於魚類資源之保育。

本省平原區的河川溪流遭受嚴重污染，魚蝦復育不易，因此農委會與省政府農林廳依據各地勘查與調查結果，挑選了下列應優先保護的淡水河川，並透過各地方政府、林務局與保育團體來進行各項保育工作。目前已受保育的溪流除林務局負責的森林溪流淡水魚資源保育外，還有其他由各地方政府所保護的溪流如南勢溪、三地鄉青山溪、荖農溪、清水溝溪、來義鄉力里溪等，其魚類資源特色與保育措施介紹如下。

（一）由林務局進行森林溪流淡水魚資源保育的工作重點

1.森林溪流水文、水質基本資料的收集調查。

2.各森林溪流魚類資源、種數的調查。

3.森林溪流魚類保護區的規劃設立。

4.辦理人員的訓練及研討會。

（二）南勢溪魚類保護

■ 資源特色

位於台北縣烏來鄉，南勢溪上游河川的水流量豐沛，地形複雜，河川生產力高，魚類族群數量極爲豐富，包括台灣特有種如台灣纓口鰍、台灣間爬岩鰍、石鱝 、短吻鐮柄魚等。

■ 保育措施

目前由地方保育團體及台北縣政府等，進行流放與加強毒魚、電魚、炸魚等非法行爲的取締管理工作。

（三）三地鄉青山溪魚類保護

■ 資源特色

自青山溪水源起至下游流域沿岸，因森林覆蓋良好，河川受自然沖刷及侵蝕作用，多曲流、平潭、急湍，具良好的魚蝦棲地。經年蓄水量豐富，溪水清澈不受污染，以往魚類資源甚豐，近年則因毒魚、電魚、炸魚與濫捕使得魚蝦幾乎絕滅。

■ 保育措施

當地居民有鑑於魚類資源破壞殆盡，因而決議自我約束，對非法捕殺魚蝦者加以處罰，並協助加強巡邏、取締、宣導工作。

（四）茎農溪魚類保護

■ 珍稀魚類資源

茎農溪源自玉山分水嶺，終年水量大，有多種魚蝦自然生存，其中以高身鯝魚（苦花）最爲珍貴，茎農溪爲目前僅知的高身鯝魚繁殖地。

■ 保育措施

爲保護培育獨特的珍稀魚類資源及其自然生態，已由高雄縣政府與六龜鄉公所等全面進行宣導、解說及取締非法毒魚、電魚、炸魚行爲。

（五）清水溝溪魚類保護

■ 資源特色

位於南投鳳凰山麓，稜脈交錯，曲流旺盛，河川生態具有多樣性，適合各種淡水魚類棲息繁衍，其魚類包括石鱝、短吻鐮柄魚、長臂蝦、泥鰍、鯰、鰻及龜、鱉等。流域內又同時具備山林、溪流、溪鳥田園的景緻，是一條雖小但資源豐富、景緻美麗的溪流，兼具遊憩及教育功能甚高。

■ 保育措施

以建立完整的資源檔案、加強宣導、強化保育組織及推廣保育經驗爲主，並配合政府各項保育工作的推廣。

（六）來義鄉力里溪魚類保護

屏東縣來義鄉力里溪中上游的七佳溪約六公里長，水量豐富，水質乾淨，天然魚類有土鯉、鱸鰻、土香魚、蝦類等，目前已逐年加強其保育工作。

（七）烏溪魚類保護

烏溪流域遍及南投縣仁愛鄉、埔里鎮、國姓鄉及草屯鎮，流域範圍廣闊，河川水量豐富，水質污染尚少，具有粗首鱲、細首鱲、鱸鰻、石鱝等垂釣性魚類。非法的毒魚、電魚、炸魚行爲頻繁，因此已加強資源調查、宣導、巡視、放流等工作。

第二節　珍貴稀有動植物之保護

本節將從台灣現有動植物資源現況，介紹目前已瀕臨絕滅或稀有的台灣特有動植物，並藉由認識「中華民國文化資產保護法」中對於有關生態保育的規定，了解政府目前對於珍貴稀有動物的保護措施，以及對動植物基因繁殖保存的努力。

一、本省動植物資源現況

台灣原有豐富的動植物資源，但卻因爲人爲的盜採、濫採、盜獵、捕殺而面臨逐漸枯竭的危機，各種動植物資源面臨絕滅的狀況說明如下。

（一）植物資源

■ 植群種類

本省雖爲熱帶海島，但因地形複雜、垂直高差將近四千公尺，因而植群豐富，可區分爲高山植群、亞高山針葉樹林、冷溫帶山地針葉樹林、暖溫帶山地針葉樹林、暖溫帶闊葉林、熱帶雨林、季風林、熱帶海岸林及紅樹林等，局部地點尙有水生生育地或沼澤出現，孕育了種類繁多的生物。

■ **面臨絕種或稀有植物的特性**

台灣的高等維管束植物將近四千種，目前面臨絕種或稀有的植物約有三百三十多種，依其特性可歸納爲三類：

1.植物本身生育地或分布地點狹隘者：此類植物可能爲地質年代早期的孑遺植物，由於無法擴展其分布面積，以致呈不連續的零星分布，如台灣蘇鐵、台灣油杉、台灣穗花杉、台灣山毛櫸、台灣檫樹、台灣奴草、南湖柳葉菜等。此類植物分布在特殊的地點，其生育地一旦破壞，則不易再生長。

2.生育地或生態系遭大規模破壞或改變，導致絕滅的植物：如台灣水韭、紅樹林、台灣粗榧、紅豆杉等。

3.具經濟上特殊用途與價値，遭致濫採者：如蝴蝶蘭、一葉蘭、蕙蘭、撬唇蘭、台灣特有杜鵑花類、八角蓮、金線蓮。

（二）動物資源

台灣動物的種類繁多，但因濫捕、濫採及生育地環境遭受破壞等影響，使得稀有及瀕臨絕種者與日俱增。

1.哺乳類：台灣山羊、台灣獼猴、石虎、水鹿、山羌、白鼻心、黃喉貂、鼬獾、黃鼠狼、麝香貓、食蟹獴、台灣野兔、水獺 、穿山甲、台灣黑熊等均已遭受威脅或瀕臨絕種。

2.鳥類：在台灣的一百四十七種留鳥（長期生存於台灣地區的鳥類，而非遷徙之候鳥）中，稀有或瀕臨絕種的鳥類將近三十多種。

3.淡水魚類：有二十種以上已絕種或瀕臨絕種，如香魚、鋭頭銀魚、高身鯝魚、櫻花鉤吻鮭等。

4.其他兩棲類及爬蟲類中的楚南氏山椒魚、翡翠樹蛙、台灣蛇蜥等已瀕臨絕種。

5.號稱蝴蝶王國的台灣，已有很多蝴蝶難逃絕種的危險，如黃裳鳳蝶、寬尾鳳蝶和曙鳳蝶等。

二、法定珍貴稀有動植物

「中華民國文化資產保存法」之第六章第四十九條中，明示自然文化景觀依其特性區分為生態保育區、自然保育區及珍貴稀有動植物三種。

「文化資產保存法施行細則」第六章第六十九條對珍貴稀有動植物的定義為：本國所特有之動植物或族群數量上稀有或有絕滅危機之動植物。

目前依行政院農業委員會及經濟部依法公告指定的珍貴稀有動植物共有三十四種，分別敘述如下：

（一）動物方面

櫻花鉤吻鮭、帝雉、藍腹鷴、台灣黑熊、雲豹、水獺、台灣狐蝠、朱鸝、蘭嶼角鴞、黃魚鴞、赫氏角鷹、林鵰、褐林鴞、灰林鴞、百步蛇、玳瑁、革龜、綠蠵龜、赤蠵龜、高身鯝魚、寬尾鳳蝶及大紫蛺蝶。

（二）植物方面

台灣穗花杉、台灣油杉、紅星杜鵑、烏來杜鵑、南湖柳葉菜、台灣水韭、台灣蘇鐵、台灣水青岡、蘭嶼羅漢松、清水圓柏、鐘萼木。

依照文化資產保存法的規定，經公告指定之珍貴稀有動植物禁止捕獵、網釣、採摘、砍伐或其他方式之破壞，除依法核准的研究或國際交換外，一律禁止出口。違法捕獵、網釣、採摘、砍伐或破壞者，依法應處三年以下有期徒刑、拘役或併科二萬元以下罰金。

三、特有動植物基因之繁殖保存

為加強本土特有動植物基因的保存工作，除了各國家公園對特有動植物的保育，如墾丁國家公園對梅花鹿與環頸雉的保育，玉山國家公園對藍腹鷴與帝雉的保育，雪霸國家公園對櫻花鉤吻鮭與寬尾鳳蝶的保育，以及陽明山國家公園對鐘萼木的保育外，農委會亦委託各學術研究機構及專家進行各種生態調查，以建立生態基本資料庫。省政府農林廳（精省後，原農林廳之業務由行政院農業發展委員會中部辦公室承接）也在民國七十八年開始對所屬的林業試驗所、茶葉改良場、農業試驗所等進行樟科林木種源的調查保存、穿山甲的繁殖保存、桃園池沼稀有水生植物的移植復育、台灣野生茶樹種源保存等基因保存繁殖工作，而這些工作的推動無非是希望能夠達到下列的目的：

1.保持物種的多樣性，以維持生態系的長期穩定與平衡。
2.保存固有遺傳基因，以供學術研究與將來實際應用。
3.珍貴物種也是一項景觀與文化資產，保存珍貴物種就是保護景觀與文化資產。

第三節　保育人員培育與保育觀念之宣導

在保育人員的培育與保育觀念宣導上，除政府積極努力從事各種措施外，也鼓勵民間成立保育組織推展保育運動，因而有越來越多的民間保育團體成立，投入推廣生態與環境保護的活動。

一、政府的作法

在保育人員的培育與保育觀念宣導上政府的主要作法如下：

1.由農委會主辦大型的生態研討會，如「野生動物保育研討會」、「植物資源與自然景觀保育研討會」、「自然文化景觀調查研究計畫成果研討會」，由學者、專家參與發表、討論、檢討，以培養保育人員吸收保育相關的專業知識及保育最新趨勢與作法。
2.為強化自然文化景觀及野生動植物保育等相關學術研究及經營管理業務的推動，不斷積極地收集國內外現有期刊與圖書，籌建自然保育圖書中心，以提供國內各界參考。

3.遴選國內專家、學者赴美、日、南非等國考察保留區的規劃、設計及經營管理技術。

4.由農委會或省政府農林廳舉辦自然生態研習會，調訓各縣市及所屬單位的生態保育業務主辦人員，加強保育觀念的溝通。

5.建立自然保育推廣教育網，落實自然保育工作，由各級學校的學生或社會熱心人士加入，成立自然保育義工制度。

6.由農委會與救國團合作，透過大專院校的社團活動或救國團所舉辦的活動，極力宣導、推廣自然保育的知識。

7.在中小學方面，透過野外寫生比賽、徵文比賽，提醒下一代觀察周遭的自然環境，進而引發喜愛大自然，培養建立自然保育的觀念。

8.在社會教育方面，積極與有關單位合作舉辦各類型的自然保育活動，如關渡賞鳥季活動、台大實驗林溪頭自然保育教育宣導及解說服務活動，並舉辦各種生態特展。此外尚有民間自然保育團體所舉辦的各項生態保育知性之旅等。

9.編印各種保育書刊、摺頁、明信片，製作櫻花鉤吻鮭的復育與森林功能教育等宣導錄影帶及其他媒體的宣導短片。

10.鼓勵成立民間的自然生態保育團體。

二、民間自然生態保育團體

節錄目前國內的民間自然生態保育團體共十個，簡單介紹如下：

（一）中華民國自然生態保育協會

成立時間爲一九八二年，成立的主要宗旨是保存獨特的生態系，保育野生動植物及特殊的自然景觀，提升民眾對自然環境的關懷，推動自然生態保育的社會教育，並收集傳播保育資訊。

（二）中華民國野鳥學會

成立時間爲一九八八年，成立的主要目的是研究鳥類及其他自然資源，推廣野鳥的欣賞，進行鳥類研究工作，推動鳥類及其他動植物棲地的保育工作。

（三）中華民國溪流環境學會

成立時間爲一九九〇年，成立目的主要在維護自然溪流生態的平衡，以確保溪流環境的品質與水質的安全，防止環境的污染並提倡永續利用溪流自然資源。

（四）主婦聯盟環境保護基金會

成立時間爲一九八六年，成立目的是要結合婦女的力量來提升生活品質，強化自然生態社會教育，以改善生存環境，並推動保育與認識野生動植物的工作。

（五）中華民國環境保護基金會

成立時間爲一九九三年，成立目的是關懷地球上一切遭受威脅的生命，及未被人類以生命來對待或看待的動物，結合關懷動物的有心人士，進行社會教育及動物保護的工作。

（六）中華民國鯨豚保護協會

成立時間爲一九九八年，成立的主要目的是加強國內鯨豚資源的調查及保育工作，並推廣擱淺和傷病之救援工作。

（七）中華民國荒野保護協會

成立的主要宗旨在透過購買、長期租借、捐贈或接收委託的方式，取得荒野的監護與管理權，使野地依自然法則演替，保存自然物種的多樣性。積極的推廣自然生態保育的觀念，並辦理各種有關的講座與研習活動，提供大眾認識自然生態保育的機會與環境。

（八）台灣環境保護聯盟

成立的時間爲一九八七年，其成立的主要宗旨爲推展各種環境保護活動，以減少、預防空氣、土地、水及其他各種資源的破壞污染。保護生物的多樣性，以維護台灣生態的永續生機。

（九）環境品質文教基金會

成立的主要宗旨爲結合教育與學術，促使社會大眾了解環境品質及生態保護的重要性，喚起民眾對環保政策的關心與督促，以期保護環境生態，促進國家乃至於全世界的發展。

（十）綠色消費者基金會

成立的理念爲由人類最基本的消費觀點出發，從市場層面、消費者層面及政策層面把關，以尋求徹底解決環境生態問題的方法，以創造永續發展的社會。其主要的目標在傳播消費者綠色思想與環境保護意識，推廣自然保育、節約能源及資源回收的教育與行動等。

第七章　生態保育與永續發展

- ✔生態圈承載量的觀念
- ✔深層生態學的介紹
- ✔環境倫理的建立
- ✔生物多樣性保育
- ✔地球資源永續發展
- ✔台灣在永續發展上的努力

人類希望世界的自然資源能被合理使用是自然生態保育越來越受重視的原因。然而如何合理的使用自然資源以達成兼顧生態保育與永續發展的目的，需要對生態保育的新觀念與全球的保育趨勢有進一步的認識。本章將介紹的內容包括生態圈承載量、深層生態學、環境倫理、生物多樣性以及永續發展等，期望大家能認識與了解這些在生態保育上的重要觀念，並將這些觀念廣為宣導，使得生態保育的工作能落實到大家的日常生活中。

第一節　生態圈承載量的觀念

在介紹生態圈承載量的觀念前，大家必須要有一個基本的認識，就是資源並非可以無限的使用，世界這個大生態圈是以有限資源，供養有限的生物族群生活其間的。

一、何謂生態圈承載量

假設某一族群生活在資源無限的環境中，即環境資源（食物、空間）很充足，不受任何限制，環境資源的增長率是一個恆定值，此時生物族群的數量就會以指數增長的方式迅速的成長，其成長指數最後會呈Ｊ形。但實際上食物和空間往往是有限的，當族群的個體數量增加時，物種與物種間的生存競爭也會加劇，進而影響到族群的出生率和存活率，最後降低族群的增長率，直到停止增長，因此增長曲線就成為Ｓ型。也就是說環境對某一種族群有個最大的承載量或最大負荷值（K）（**圖7-1**）。

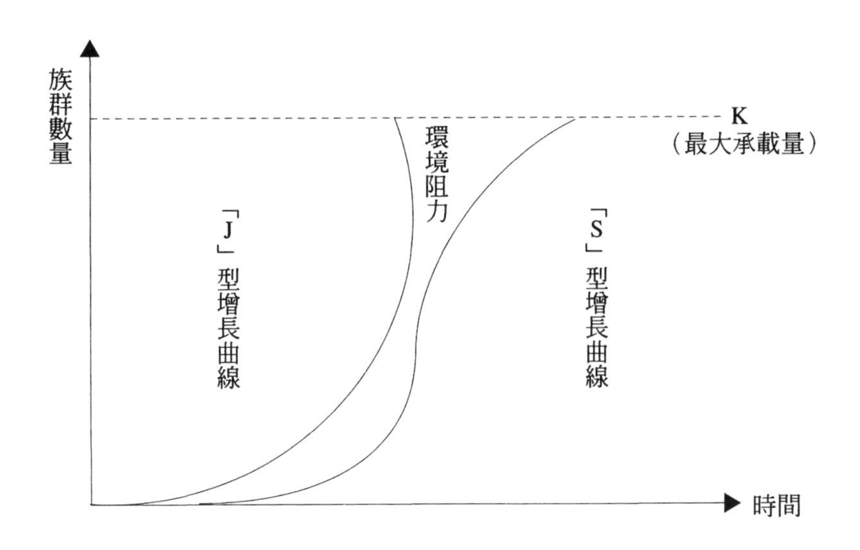

圖7-1　生態圈承載量概念圖

簡而言之，任何生態系都有其生存條件的限制與有限的資源使用量，因此能供給生物生活其中的數量是有限的。

二、人類活動對生態圈承載量的影響

由於工商進步繁忙，使得人們愈加注重休閒活動，而戶外遊憩活動如旅遊、健行、登山、滑雪、露營、野外狩獵、釣魚及海濱遊憩等，都是眾多休閒活動中最受歡迎的。對人類而言，從事戶外遊憩活動的優點相當多，如紓解身心、體驗大自然美景、鍛鍊體魄、充實精神生活等。但在特定的生態系統中，過多遊客的進入卻會破壞該生態系統的動態平衡狀況。因為生態系中的動物、植物、陽光、空氣、水及其他物質所提供給該生態系統使用的資源是有限的，環境中承載生物生長的條件也是有限的。人類活動的介入，不管是合法或非法，都會破壞其生態環境，影響生活其中的生物，進而降低生態圈的承載量。

舉例來說，人類遊憩活動對野生動物、植物、土壤及水質等方面的影響如下：

（一）野生動物方面

人類的狩獵、捕獵活動將使得特定的動物族群數量逐漸減少；遊憩活動會干擾野生動物的棲息地，如賞鳥活動可能對候鳥的棲息地產生干擾，使得候鳥不再棲息此地區，甚至影響其族群的數量。

（二）植物方面

人類的踐踏會使得地表植物受到損傷，樹木有可能因遊客攀折破壞，影響林木的生長與穩定性，進而使得抵抗力較強的植物群被抵抗力弱的植物群所取代，使原來的生態系統發生改變。

（三）土壤方面

因爲地表的雜草、枝葉及其他有機物質被人類踐踏而磨損，使得土壤變得更密實，此時水分的滲透率就會降低，水分滲透率的降低會使得雨水的逕流量增加，更嚴重就會造成土壤的沖蝕與流失。

（四）水質方面

遊客所丟棄的垃圾或使用水上機械設施所產生的油污等不當行爲，都會污染水質，不但影響水生動植物的生態系統，還會危及陸上的整體棲息環境、生態圈的承載量。

三、結論

由以上的說明讓我們了解到人類不經意的活動都可能對生態造成破壞。因此在休閒遊憩活動上鼓勵大家共同推動綠色休閒。過去在山林中我們不難發現許多樹木被任意的刻畫或者綁滿五顏六色的指示布條，山中小徑滿是丟棄的垃圾。隨著環保意識的抬頭，這些破壞的情況有了改善。期望國人在頻繁的休閒遊憩活動中，能對周遭環境多盡一份維護心力，在從事旅遊活動時不任意丟棄垃圾、捕捉野外動物、摘採野生植物。讓美麗的景緻能永遠留存，爲後代子孫所享受。

第二節　深層生態學的介紹

深層生態學有別於一般的生態學，其跳脫過去以人類爲中心的保育觀念，主張自然爲中心的保育觀點，強調生命的平等性。亦即生存在生物圈中的所有群體都有同等的生存權力。人類並非其他物種的主人，而是生物圈中的一份子。爲澄清舊有的生態保育觀念，在接下來的內容中將對深層生態學作更詳細的介紹。

奈斯是挪威的哲學家及自然學者，也是深層生態學運動的創立者，其於一九七三年創立深層生態學，他認爲深層生態學不同於一般的生態學。它稱一般的生態學爲「淺層生態學」（shallow ecology），因爲一般生態學只關切人類的健康與福祉，強調自然資源的保育與污染的減低。深層生態學則認爲人類如以自己爲中心，將自身的利益與福祉建築在自然生態系之上，而忽略人類也如其他的生物一般，共同生存在複雜且互動的自然網絡當中，如果人類傷害自然，人類也會隨之受害。因此，深層生態學主張人類應該體認自然生態本身所具有的價値與存在的權利，改變過去對於自然生態利益性或工具性的價値認知，希望人類能了解自己其實也是大自然的一部分。正如著名的保育運動者李奧波所言：「人類只是生命社區中的平民，並不是其他物種的主人」。

根據以上的敘述，奈斯所主張的深層生態學，提出了人類在生態保育上應有體認如下：

1. 生態圈中個體、物種、族群及棲息地的演進發展，都有其存在的價値，而這些價値應超越人類利用性的價値之外。
2. 上述價値的實現可使生命更具豐富性與多樣性。
3. 人類除維持本身生命的需要之外，沒有權利破壞、減少生命的豐富性與多樣性。
4. 人類生命與非人類生命的演替有其一定的承載量，過多的人口不僅破壞人類社會的和諧狀態，人類過多的需求也會導致生命多樣性與豐富性的減少。
5. 目前人類對自然生態的干擾狀況正急速惡化中。
6. 以經濟成長爲國家成長指標的政策應該調整，經濟成長的同時應考量自然生態的多樣性與豐富性。改變舊有的生態觀念與政策，並期望這些改變的結果能改善人類對自然生態的干擾狀況，促進萬物的共存共榮。
7. 生活水準的改善不等同於大量的消費與需求滿足，而在於生活品質的提升，這包括了享有永續生存的環境、生物的多樣性與豐富性，以及人類與非人類的良好互動關係。

8.贊同上述主張的人有義務直接的或間接的推動所需要的改變。

第三節　環境倫理的建立

人類常常因為一時疏忽，破壞了大自然的平衡以及賴以生存的地球環境，像這樣對大地、對環境的傷害，其實是可以避免的。只要大家能夠培養出正確、健康、負責任的認知與態度，改變原來不當的價值觀，就可解除環境遭受破壞的危機，恢復美好的家園。換言之，目前人類最需要的是一種嶄新的思考模式、一些有效的策略及行動，我們可以稱它為大地倫理或環境倫理。本節將從倫理道德觀的轉變與現今社會價值觀中對於生態保育認知的衝突的觀點，為各位介紹環境倫理的觀念，並希望大家都能認同此有助於人類與自然共存的生態保育觀念。

一、倫理道德觀的轉變

（一）倫理道德僅適用於人類

當在探討環境倫理時，有一些基本的思考出發點必須先加以釐清。譬如倫理道德的適用對象範圍是誰？這個問題的答案從過去到現在隨著時代與環境的變遷有了極大的差異。過去倫理學家們對於倫理（ethics）一詞都有一個共識，那就是以達爾文的論點爲基礎，認爲：

1.道德與自然是沒有關係的。

2.倫理是用來規範人類行爲、道德的定律。

3.將科學與倫理兩者混爲一談是錯誤的，是沒有客觀價值的。

4.人類的主觀偏好是建立價值的標準。

以上的論點，成爲人類對自身以外的事務如何判斷與取捨的標準，這種純粹以人類自我爲中心的思考方式，在現代社會受到極大的挑戰，尤其是在整個地球生態體系日益惡化、生物物種急速絕滅消失的今天。人類也許是衡量萬物的唯一標準（measure），但是人類眞的是衡量萬物的標準嗎？倫理學家們希望能重新建立一套倫理道德的系統來解釋、規範，甚至挽救逐漸惡化的環境污染局勢。

（二）倫理道德適用於自然萬物

其實從過去到現在，許多環境倫理學者都不斷地嘗試用不同的方法和觀點來探討倫理道德，他們發現其實倫理應包含以下幾點：

1.倫理道德應尊重所有生命：尊重人類生命應只是對於所有生命尊重中的一部分。

2.倫理道德應普及萬物：道德倫理應跳脫僅關切人類自我的狹隘範圍。

3.完整的環境倫理道德，必須考慮對整個自然的價值和責任。

以這樣的思考方向，跳脫過去看待事物與做決定時只考慮人類自我利益需求爲最高判斷準則、唯我獨尊的框架，而以地球生態的維繫爲重點。

這種結合科學與良知、生物學與倫理學的新思維、新觀念，必須建立於對整個環境的關愛和尊敬的基礎上。如此才能從心中產生一種責任感，並嘗試著修正過去對於環境不適當的價值觀和行爲，使得各種生物與環境得以永續的（sustainable）存在和發展。

二、價值觀的衝突

當環境學者、倫理學者的新思考觀念，實際對照到現實生活中時，往往會發現存在著許多價值觀點的衝突。在我們的社會中，原本就存在著許多不同的原則來導引一個社會的運作。原來就已存在的原則與環境倫理的原則，卻不時地發生衝突。舉例來說，人類社會的法律，評斷的基本是講求凡事必須有實際可靠可見的現象與證據。因此對於人類許多對環境有害的行爲，除非有辦法看到實際的證據，譬如河水遭受到嚴重可見的污染與生態的破壞，才能採取行動去加以制裁。但是如果我們從科學及生態的角度來看，如果防範環境的破壞要等到環境顯現出病癥才採取行動，實際上對生態系統來說，可能已經太遲而難以挽回了。此外，對經濟成長、私人企業的經營乃至於政府而言，對野生動植物與自然環境進行的保育、保護工作，經常是無法獲得實質的利益的。所以這些價值觀點的衝突，如何以生態學的思考、科學的方法，和對地球及生命的尊重來解決，實有賴執政者、立法者與一般民眾集合全體的智慧與合作了。

(一) 社會普遍的價值觀

現今人類社會的生活反應著一個浪費資源、以人類爲中心的「用過即丟」的世界觀（the throwaway worldview）。在此種價值觀的主導之下，一些對待地球與使用自然資源的基本思考方向如下:

1.人類與大自然是分離的。
2.人類較優於其他物種。
3.人類可以不斷地征服和利用自然，以滿足無止境的需求。
4.人類運用智慧以發掘資源或找尋替代品來滿足人類的需求，並認爲資源是取之不盡的。
5.人類的生產和消費越多，表示生活可以過得更好。

(二) 注重環境倫理的價值觀

基本上，環境倫理是嘗試建立一些新的價值觀，以生態的觀點作爲思考的重點，來改善過去導致環境惡化與不合時宜的舊價值觀，達成以地球有限資源與生存空間支持人類持續在地球上的生存發展。依此理念環境專家學者們提出強調人類與環境共存共榮、永續發展（sustainable development）的價值觀，這些觀點詳述如下:

1.人類是自然的一份子：人類並不比其他物種優秀，必須試著了解、關心自然界的其他份子，進而共同合作共享地球的有限資源。

2.人類不可爲享樂而破壞自然：人類只有在爲維持地球維生系統的完整與人類基本需求時，才能干擾非人類物種。

3.地球被過度使用的影響無窮：沒有任何一個人、公司、企業、國家對地球有無限使用的權利，也不可將生物視爲是生產的因子，因爲過度使用地球資源將會造成全球環境破壞、資源耗竭最後影響到經濟的發展。

4.浪費地球的有限資源將會造成地球的赤字：浪費枯竭地球上的化學與生物性資源將會造成地球的赤字，而地球的赤字將成爲永遠的赤字。

5.眞實感受地球的律動與資源的可貴：人類應該利用時間親自去接觸感受空氣、水、土壤、樹木、動物的律動，以對地球產生喜悅、了解和愛。

了解主導人類面對環境、取用自然資源的兩種不同思考出發觀點之後，我們可以發現這兩種不同的價值觀仍然眞實的發生在你我的身邊，存在於社會的每一個角落裡。如何使越來越多的人認同並實踐使地球永續存在與發展的價值觀，不僅需要社會中很多方面共同的配合與努力，最重要的是大家如何將環境倫理思想與價值實踐在日常生活上。因爲如果無法將人的習慣與態度在實際生活上做實踐，那麼環境倫理仍然無法落實。環境倫理道德的重點是要培養國民的環境責任感。這個責任感的表現就是做好資源回收，並不斷地以教育提升群眾的環境知識，鼓勵、尊重並實踐善良和永續的生活型態，促進保護生態環境的立法，以及任何能實踐環境倫理思考的日常生活行爲。除以上這些表現外，從關心人類爲起點，將人類的愛逐漸擴及到對萬物、大自然以及整個地球的愛。

總而言之，強調環境倫理的目的是希望當人類在追求生活品質與福祉的同時，不忘維護自然環境與資源使用的平衡、穩定循環，如此才能建構一個人類與萬物共生永續發展的世界。

第四節　生物多樣性保育

本節介紹生物多樣性的意義、消失的原因與生物多樣性的保育，使大家都能對生物多樣性有進一步的了解，其中在保育生物多樣性的成效上，要屬世界性的「生物多樣性公約」。它促成國際上各國的保育共識，並提出具體的保育措施，使得生物多樣性的保育可以在未來被一一落實。

一、生物多樣性的定義

生物多樣性（biological diversity）包括遺傳多樣性（genetic diversity）、物種多樣性（species diversity）與生態系多樣性（ecosystem diversity）。簡單地說，生物多樣性就是地球生成至今，所擁有上千萬種的動物、植物、微生物與它們所具有的基因資源，及其生存的環境所構成生態系的歧異性。以下就遺傳、物種與生態系的多樣性加以說明：

1.遺傳多樣性是人類從事農、林、漁、牧業品種改良的依據，也是遺傳工程中基因研究的素材。

2.物種多樣性是人類經營農、林、漁、牧業的對象，也是輔助醫藥發展的重要功臣。

3.生態系多樣性：生態系提供了基因與物種繼續存續所需的養分，是維持基因與物種多樣性不可或缺的一部分。

生物多樣性（biodiversity）是人類生存的基礎，因爲生物物種的各種基因可被用以防治各種農作物的疾病，透過物種基因的研究，可找出用以抵抗人類疾病的方法。生物多樣性的存在，對生物本身而言也有明顯的助益，如在生物多樣性的環境中，生物比較容易抵抗疾病與蟲害，整個生態環境系統也比較容易維持穩定性。

二、生態多樣性的消失

生物多樣性消失的原因，主要是過去傳統的物種保育觀念僅著重在少數瀕危的物種或稀有的生態系，而忽略了大多數的生態系與棲息其間的多樣性物種。加上人類活動直接滅亡許多有價值的物種，也間接地破壞各種物種間的緊密關聯性，因而使得生物絕滅的情況日益嚴重。更值得注意的是人類活動所造成全球環境的變遷，包括地球暖化、臭氧層破洞、酸雨、沙漠化、地表植被的破壞以及各種的污染等，已經對生物棲息地造成嚴重的破壞，所造成生物多樣性的消失也難以挽回。

根據世界資源研究所（World Resources Institute）的估計，

全球的熱帶雨林自一九六〇年到一九九〇年間消失了五分之一，而聯合國農糧組織（United Nation Food and Agriculture Organization）指出全世界75％左右的農作物品種已經絕滅，每年大約消失五萬個品種；美國全球二〇〇〇年報告指出，預估二〇〇〇年地球上會有15％至20％的物種絕滅；世界保護監測中心一九九三年的報告也指出，全世界有二萬五千種的植物正面臨絕滅，另外有一萬種的植物已經死亡。物種瀕臨絕滅的危機，正急待各國積極投入保存工作。

三、生物多樣性的保育

早在一九七〇年代，生物學家就已經向社會大眾發出生物多樣性消失的警訊，此後各種與生物多樣性保育相關的區域性或國際性公約紛紛成立，如溼地公約、世界遺產公約、華盛頓公約、遷移物種公約等。然而這些公約的成立對於生物多樣性的保育效果不佳，且並未改善生物多樣性消失的狀況，也不足以保障全球的生物多樣性。有鑑於此，聯合國環境規劃署從一九八七年起成立了工作小組，根據全球生物多樣性的需求，研擬各個層面的生物多樣性保育策略，其中涵蓋就地或移地保育、野生或畜養的物種、永續利用生物資源、取得遺傳資源或相關科技、取得從生物科技而來的成果等，以制定完整的「生物多樣性公約」範疇。接著工作小組開始積極地推動世界各國家加入全球性「生物多樣性」的保育行列，在一九九二年「生物多樣性公約」經由各國的簽署而正式生效。從世界各國對「生物多樣性公約」的踴躍簽署，可以得知各國已充分地體認到人類活動正導致生物多樣性的嚴重減少，也意識到生物多樣性對生命演化和保持生物圈生命維持系統的重要性。

「生物多樣性公約」成立的最主要目的是要透過各公約締約國的努力，來推動落實公約的三大目標：⑴保育生物的多樣性；⑵永續利用生物的組成；⑶公平合理的分享生物多樣性遺傳資源所產生的成果。爲實現「生物多樣性公約」的保育目標，根據公約的規定與締約國大會的決議，歸納出締約各國在生物多樣性保育工作上，應該實行的保育重點如下：

1.訂立國家層級的生物多樣性保育與永續利用計畫或方案。
2.對國內的生物資源依情況採取就地（如設立國家公園、自然保留區、保護區、野生物庇護所、原生區基因庫等）或移地(如設置動物園、植物園、復育園或種子與花粉庫等)的保育措施。
3.對生物多樣性的組成進行監測與調查，並成立全國性的生物多樣性研究機構。
4.鼓勵生物多樣性的基礎與應用研究，宣導民眾對生物多樣性的保育意識。
5.成立國家與地方間生物多樣性的資料交換機制，加強國際合作積極參與全球生物多樣性的保育工作。
6.加強有關生物多樣性的保育政策，如成立遺傳管理法、生物安全法等。

第五節　地球資源永續發展

一九九二年六月初（民國八十一年）在巴西里約熱內盧舉行的二十週年聯合國環境與發展會議（United Nations Conference on the Environment）——地球高峰會（Earth Summit），會中各國對於全球經濟與生態環境惡化等問題有積極而正面的討論，參與會議的一百七十二個國家於一九九二年六月十三日簽署了四項文件：⑴環境與發展的宣言；⑵氣候變遷公約；⑶生物多樣性公約；⑷「二十一世紀議程」（Agenda 21）。其中二十一世紀議程提供人類朝向地球「永續發展」的具體可行計畫，全文八百頁，共分爲四十章，文中包括一百五十項計畫，希望提供作爲世界各國制定政策與施政之參考以確保全球環境不再惡化。這顯示人類對於全球環境的惡化已感同身受，也是世人透過國際合作方式，共同爲改善生活環境所立下的重要里程碑。

在「二十一世紀議程」藍圖中，將以「保育」、「永續」補充或代替「成長」與「發展」的觀念，並以提升生活品質、效率運用天然資源、保護地球共有資產、經營居住環境、管理有害物質及經濟永續成長爲主題，希望藉此達到掃除貧窮、改變資源消費型態、控制人口成長，以及提升人類健康水準等目標。

永續發展一詞最早的提出者是美國經濟學家伍德（Barbara Wood），他提出永續發展與持續發展（sustainable development）的觀念，但並沒有詳細地說明其涵義。直到一九八七年由挪威總理布蘭特（Gro Harlem Bruntland）女士擔任主席，所成立的聯合國「世界環境暨發展委員會」，才將環境保護與經濟發展的議題相結合，並於會後完成的報告書《我們共同的未來》中，詳細地敘述全球經濟成長與生態環境的現況與未來。書中引申了伍德的觀念，強調永續發展爲環境保護工作最終的目標，也就是經濟發展不應該犧牲後代子孫所繼承的自然資源與環境。該觀念提出後，不僅成爲世界各國及國際性組織在面對全球環境變遷及環境問題的最高指導原則，並直接促成一九九二年聯合國在巴西里約熱內盧舉行的地球高峰會議。此後永續發展的觀念廣爲全世界的政府與人民所接受，並掀起各國研擬適合本土化永續發展策略的浪潮，如瑞典皇家科學院率先成立永續發展研究所。以下我們將從不同的角度探討資源永續發展的意義。

一、資源永續發展的定義

資源永續發展的定義共可分爲下列四個方面來說明：

（一）從經濟層面來定義

在不降低、不破壞環境品質與自然資源的基礎上，使經濟的發展合乎效率，而發展的效益應可供給下一代的生活使用。

（二）從社會層面來定義

強調保護地球生命力及生物多樣性的重要性。在人類生產及生活方式與地球承載力保持平衡的前提下去從事發展，且發展本身不可以產生社會衝突，因此人類應增加控制自己生活的能力。

（三）從科技層面來定義

應使用更環保、更有效率的技術與製程，來達到零排放、零污染的目的，儘可能減少能源及其他資源的消耗。

（四）從自然生態層面來定義

強調自然生態與開發利用間的平衡，也就是永續發展應該將生態過程、生物多樣性及生物資源的維護考慮在內，保護並加強生態系統的生產與再生能力，我們必須確認其他物種的生存及福祉，以達到自然和諧的相處關係。

儘管「永續發展」在各個層面皆有不同的註解，但其內涵應包括公平性（fairness）、永續性（sustainability）以及共同性（commonality），要達到這樣的目標是需要各方面相互的配合，無論是工業化國家或開發中國家都應彼此協力互助才能達成。

二、資源永續發展的目標

資源永續發展是世界各國在經濟、社會、環境、科技及其他方面發展的首要課題，無論是工業化國家、快速發展中國家、開發中國家或世界上的其他國家或地區都應積極的在最基本的四個層面（經濟、社會、環境、科技）上做出努力，以達到永續發展的目標。

（一）經濟層面

1.人類：世界各國要努力控制污染及減少浪費。

2.工業化國家：應努力藉由改善能源使用效率及生活型態的改變，來減少能源和其他資源的消耗量。

3.快速發展中國家：在發展工業的時候，需朝向研發乾淨的科技。

4.開發中國家：由於大多依賴農業來維持國民生產毛額，因此必須特別小心保護他們的土壤和水資源，以使他們的田野可以維持永續的生產力。

（二）社會層面

1.人類：世界各國需要努力營造健康、教育、清潔的環境，並提供婦女與少數民族共同參與政策的機會。

2.工業化國家：人口已達到穩定狀態，受教育率高，但有些健康、醫療照顧情形分布並不平均，需加以改進。

3.快速發展中國家：人口成長漸漸緩和，應逐漸提升人民的受教育率，改善醫療照顧設施。

4.開發中國家：其平均醫療照顧、受教育和社會公平遠遠落後於其他兩類國家，他們必須努力於健康、教育工作，因爲這些是經濟發展所需要的。此外，需注意快速成長的人口會加速對公共服務和資源的壓力。

（三）環境層面

1.人類：世界各國必須共同改進與增加對環境保護的努力。

2.工業化國家：必須致力於空氣污染及資源有效的使用。

3.開發中國家：需要致力於可更新資源，如土壤、水和森林的保育，因爲這些資源是經濟的發展根本。

(四) 科技層面

1.工業化國家：需要研發改良原有的技術，創造更具效率、更環保的科技。

2.開發中國家：大多是以農業爲基礎的經濟型態。他們需要發展符合環保的適當科技來增加農業的生產並引進合適的製造業科技。

歸納以上幾個層面的說明，我們可以知道工業化國家主要應該以技術的創新來提升產品的品質、改變消費型態、減少單位產量的資源投入與污染排放，並進一步地提高生活品質、關心氣候等全球重大的環境問題來達到永續發展的目標。

開發中國家應該以發展經濟、消除貧窮、解決糧食、人口、健康、教育，減少污染、改善環境等問題，爲永續發展的目標。

三、資源永續發展的策略

世界有限的資源正加速的消耗，爲達到資源的永續使用，改變消費的型態與抑制人口的成長，是減緩資源耗損的重要途徑。以下依據二十一世紀議程歸納了消費型態與人口成長上的控制策略，內容如下：

(一) 改變資源的消費型態

在改變資源的消費型態上應做到：

1.以環保及較有效率的方式利用天然資源：如太陽能的利

用、紙張的再生利用，減少礦物能源如煤炭、石油的利用，及利用所產生的污染。

2.研發新的生化科技與可再生的新能源：利用生化科技，以更環保的方式增加食物及牲畜產量，以提供生活所需，努力的開發新的替代能源以及污染減量、回收再利用的技術。

3.體認資源的有限性並節約使用自然資源：教育宣導環保的觀念，力行綠色消費、廢棄物與資源的回收工作。

4.環保評估與環保標章的推行：立法規定開發利用的環保評估工作，產品的原料取得、生產製造等皆需符合環保程序，以取得環保標章。

人口成長會直接影響到自然資源使用與人類的生活水準，也就是說人口對環境的衝擊是十分的明顯。人口越多，資源的浪費越嚴重，隨之而來的貧窮、疾病及營養不良等，更使得人類的生活品質無法提升。

（二）控制人口成長策略

爲了保護自然資源永續利用與改善生活水準，應採取控制人口成長的策略，其詳細說明如下：

1.促進女性接受教育，提升其經濟及社會地位，是控制人口成長的基礎。

2.倡導健康生育，自由選擇子女數與生育間隔，減少母親與嬰兒的死亡率。

3.了解人口成長與環境破壞，以及自然資源需求的關係。

4.提供家庭教育與醫療保健體系，以建立適當的家庭規模。

5.努力減少人口對有限資源的衝擊。

6.擬訂永續發展的人口策略。

資源的永續利用必須靠世界各國依照以上所言的大方針，全面而積極的投入，制定行動綱領並加以宣導，才能徹底的實行。我們期待透過人類的努力，地球環境將可展現欣欣向榮的嶄新面貌。

人類的永續發展，有賴平衡穩定的地球環境，自然生態保育是人類保護與合理使用地球資源的一種積極行動。因此人類要保護本身族群的延續發展，必須要保護唯一可居住的地球。

世界經濟的發展與生態的維護是相依相成的，區域性的環境污染與生態破壞也會造成全球性的影響。因此唯有倡導地球上的每一個國家乃至於每一個人共同合作，追求自然環境與資源的永續發展並遵循自然的生態規律，人類才能與大自然建立共生共榮的存續關係。

第六節　台灣在永續發展上的努力

從一九七二年聯合國舉辦「人類環境會議」後，各國開始尋求相關環保公約的簽署，以共同約束全球性的環境問題。如限制破壞臭氧層化學物質生產的「蒙特婁（Montreal）協議」（一九八七）、管制危險廢棄物越境轉移的「巴爾賽（Basel）公約」（一九八九）、設法阻止或減少空氣污染物長程漂流危害其他鄰近國家的「日內瓦公約」(一九七九),以及因應溫室效益的「氣候變化綱要公約」等等。

雖然我國因政治因素未簽署任何一項國際性環保協定,但並非表示我們就可置身於國際的規範之外。此外,我國對貿易的依存度甚高,使得環保工作表現仍可能受到單方面貿易限制條款的制裁,如美國對我國野生動物保護工作實施培利修正案的貿易制裁。有鑑於此,政府轉變了對國際環保事務的態度,由單純地減少國際環保公約對國內貿易的衝擊,轉而積極地參與並尋求國際的認同。民間也為配合全球永續發展的趨勢、政府之施政政策,以及保護我們所生長的環境與永續的台灣發展,進而成立了相關的永續發展組織。

一、國家永續發展委員會的成立

為統籌範圍廣泛的國際環保事務,加強推動保育自然環境,保護地球環境,減少跨國性的污染,合理利用資源並參與全球性的相關環保事務,追求永續發展,政府於民國八十六年八月將原有的「行政院全球環境變遷政策小組」擴編為「行政院國家永續發展委員會」,並設立諮詢小組,以提供委員會各工作分組在推動相關工作時的意見諮詢與建議,協助其中、長程策略的執行,並評估執行的績效。委員會的主要任務與工作分組介紹如下:

(一)主要任務

委員會之主要任務如下:

1.配合國際環境保護趨勢，研訂推動永續發展及環境保護事務的整體策略。

2.推動永續發展及國際環境保護相關事務的協調、整合、督導與考核。

3.規劃永續發展以及國際環境保護相關研究、輔導與教育宣導工作。

4.研擬跨國永續發展與環境保護相關事務的合作策略。

5.研訂與推動參與國際環保條約與協定、國際組織及其相關活動之策略。

（二）工作分組

委員會依任務需要分爲環境與政策發展、貿易與環保、大氣保護與能源、海洋與水土資源管理、廢棄物管理與資源化、生態保育與永續農業、永續產業、社會發展等八個工作小組，其工作內容敘述如下：

■ **環境與政策發展**

由行政院環保署總計處召集，負責推動將環保與發展問題納入決策議題。研擬我國二十一世紀議程及彙整推動成果、推行綠色消費、永續發展環保教育等相關議題。

■ **貿易與環保**

由經濟部國貿局召集，負責國際經貿組織有關之貿易與環保等相關議題。

■ **大氣保護與能源**

氣候變化綱要公約、蒙特婁議定書與能源使用等相關議題。由行政院環保署空保處召集，研擬因應。

■ 海洋與水土資源管理

由經濟部水資源局召集，負責海洋資源、水資源與土地資源的管理相關議題。

■ 廢棄物管理與資源化

由行政院環保署廢棄物管理處召集，負責廢棄物資源化、工業廢棄物的減少、放射線廢棄物管理等議題。

■ 生態保育與永續農業

由行政院農委會林業處召集，負責生態多樣性公約、華盛頓公約、森林與農業管理相關議題。

■ 永續產業

由經濟部工業局召集，負責推動ISO-1400、ISO-9000、產業發展之環境保護等相關議題。

■ 社會發展

由行政院經建會住都處召集，負責推動人口、永續城鄉、族群融合、弱勢族群與消除貧窮及醫療保健等相關議題。

未來永續發展委員會將推動制定「中華民國二十一世紀議程」以作為推動永續發展的行動依據，同時亦將積極推廣永續發展理念到地方政府與社區。

二、國家永續發展論壇

除政府積極推動永續發展的相關議題外，國內亦有相關組織積極的參與推動國家的永續發展，如國家永續發展論壇、中華民國企業永續發展協會等。以下將就組織、制度較為健全的國家永續發展論壇為各位作介紹。

「國家永續發展論壇」成立的主要目的，是提供一個公共參與的場所，讓產官學各界對永續發展之相關議題透過公開、廣泛的討論，建立共識，擬訂出適合我國國情及符合國際趨勢的永續發展政策綱領，以提供政府在國家發展會議及未來研擬政策與措施之參考。

國家永續發展論壇的運作架構上，策略綱要的擬訂分爲三大主題，分別爲永續經濟、永續環境與永續社會，在各個主題之下又有不同的子題，另有專責召集人負責召集討論評估與策略綱要的擬訂。此外也舉辦各項與永續發展議題相關的研討會，出版相關書籍以宣導推廣全民認識永續發展的重要性。下列爲各主題的說明：

(一) 永續經濟

■ 永續經濟發展

欲擬訂之策略綱領與評估準則分別是永續經濟發展指標、永續經濟發展策略、永續產業發展、永續企業經營、永續發展貿易與永續發展的國際合作。

■ 永續企業經營

欲擬訂之策略綱領與評估準則分別是貿易與環境、替代性消費、產業的生態效能與公眾議題。

(二) 永續環境

■ 全球環境變遷與永續能源

欲擬訂之策略綱領與評估準則分別是氣候變遷、海岸管理及能源政策。

■ 永續天然資源保育

欲擬訂之策略綱領與評估準則分別是土地資源的管理與規劃、水資源的保護管理與永續海洋資源。

■ 永續自然保育

欲擬訂之策略綱領與評估準則分別是永續農業、棲息地之保育與經營管理、野生動植物之保育與利用、國家自然保育政策與生物多樣性。

■ 永續環境技術

欲擬訂之策略綱領與評估準則分別是永續環境監測、空氣與水污染防治技術與策略、廢棄物處理與資源再生、有毒化學品與放射性廢料的管理、清潔生產與綠色設計。

（三）永續社會

■ 永續社會

欲擬訂之策略綱領與評估準則分別是人口動態、兒童與婦女問題、改變消費型態、從族群融合到族群融洽、永續決策、文化、生活品質與公眾意識。

■ 永續城鄉發展

欲擬訂之策略綱領與評估準則分別是交通運輸、綠色建築、都市與社區發展。

國家永續發展論壇希望能提供適合我國國情並符合國際動向的永續發展定義、原則、目標與實施方法，並達成全民共識，獲取民眾更多的投入與參與。使我國永續發展工作得以持續推動。

台灣永續發展的推動實非政府或單一組織的努力就可達成，而是需要全民的參與投入，喚起全民對這塊土地的認同感，熱愛珍惜我們的生活環境，如此永續發展才能徹底的落實，後代的子孫才能享受到前人所努力的成果。

參考書目

1.〈土地資源保育及利用〉，《人與地》，第四十七期。台北：中國土地改革協會人與地雜誌社。民國七十七年。

2.《大自然季刊》，第四十七期。台北：中華民國自然生態保育協會，民國八十四年四月。

3.《太魯閣國家公園月訊》，七月號。內政部營建署太魯閣國家公園，民國八十八年七月。

4.王勤田，《生態文化》。台北：揚智文化事業股份有限公司，民國八十四年四月。

5.《玉山——山岳之旅》。台北：交通部觀光局摺頁，民國八十六年十二月。

6.《 台灣地區之國家公園》 。台北：內政部營建署委託中華民國國家公園學會編印，民國八十五年六月。

7.〈台灣地區自然生態保育相關問題之研究〉，《台灣銀行季刊》，第四十四卷，第三期。台北：台灣銀行，民國八十年十月。

8.《台灣林業》，第二十五卷，第二期。台北：台灣省政府農林廳林務局，民國八十八年六月。

9.《台灣的自然生態保育》。台北：中華民國自然生態保育協會，民國八十三年五月。
10.《四角林森林生態教育資源》，台北：台灣林業省試驗所，民國八十六年二月。
11.《自然生態保育》，南投：行政院農業委員會、台灣省政府農林廳，民國七十八年九月。
12.〈自然保育之實踐與立法〉，《法律學刊》，第二十期。台北：台大法律學會，民國七十八年。
13.《自然保育季刊》，第十三期。南投：台灣省特有生物研究保育中心，民國八十五年三月。
14.《自然保育季刊》，第十五期。南投：台灣省特有生物研究保育中心，民國八十五年九月
15.《自然保育季刊》，第十七期。南投：台灣省特有生物研究保育中心，民國八十六年三月
16.《自然保育季刊》，第十八期。南投：台灣省特有生物研究保育中心，民國八十六年七月。
17.《自然保留區經營管理手冊》。台北：行政院農業委員會，民國八十六年九月。
18.《自然保護概論》。台北：中華民國國家公園學會保育出版社，民國八十五年。
19.李聰明，《環境教育》。台北：聯經出版事業公司，民國七十六年十二月。
20.《「東亞生態旅遊及海峽兩岸生態保育研討會」論文集》。台北：中華民國國家公園學會主辦，民國八十四年五月。
21.林文正譯，《綠色希望——地球高峰會議藍圖》。台北：天下

文化出版有限公司，民國八十三年十一月。
22.林文鎮，《森林美學》，台北：淑馨出版社，民國八十年五月。
23.阿道・李奧波原著，費張心漪譯，《砂地郡曆誌》。台北：十竹書屋，民國七十七年十二月。
24.〈保護區管理原則及台灣目前可行策略〉，《中華飛羽》，第七卷，第十期。台北：中華民國野馬學會，民國八十三年十月。
25.《雪霸國家公園簡訊》，第二十期。內政部營建署雪霸國家公園管理處，民國八十八年一月。
26.《動物園雜誌》，第七十五期。台北：台北市動物園，民國八十八年七月。
27.《國家公園通訊》，第四期。台北：中華民國國家公園學會保育出版社，民國八十五年九月。
28.《「國家公園經營管理與永續發展研討會」論文集》。台北：中華民國國家公園學會、內政部營建署主辦，民國八十六年五月。
29.〈野生動植物保護溯源〉，《中國環保》，第二十期。台北：民國八十三年六月。
30.傅屏華，《觀光區域規劃》。台北：豪峰出版社，民國八十四年八月七版。
31.《陽明山國家公園簡介》。台北：內政部營建署陽明山國家公園管理處，民國八十二年。
32.盧誌銘、黃啓峰，《全球永續發展的源起與發展》。新竹：工業技術研究院能源與資訊研究所，民國八十四年五月。

33.《墾丁國家公園簡訊》。內政部營建署墾丁國家公園管理處，民國八十八年一月。

34.《環耕》，第三期。台北：華視文化中心，民國八十五年九月。

35.《環境科學教育》。台北：台北市教師研習中心，民國七十九年六月。

36.〈環境問題與環境權〉，《法律學刊》，第二十期。台北：台大法律學會，民國七十八年。

37.《環境教育季刊》，第三十期。台北：國立台灣師範大學環境教育中心，民國八十五年六月。

38.《環境教育季刊》，第三十四期。台北：國立台灣師範大學環境教育中心，民國八十六年五月。

39.《環境教育季刊》，第三十七期。台北：國立台灣師範大學環境教育中心，民國八十八年二月。

40.《環境教育季刊》，第三十八期。台北：國立台灣師範大學環境教育中心，民國八十八年三月。

41.《環境教育教學活動設計》。台北：教育部環境保護小組，民國八十七年元月。

生態保育

作　　者 / 王麗娟.謝文豐
出 版 者 / 揚智文化事業股份有限公司
發 行 人 / 葉忠賢
登 記 證 / 局版北市業字第 1117 號
地　　址 / 台北縣深坑鄉北深路三段 260 號 8 樓
電　　話 / (02)2664-7780
傳　　真 / (02)2664-7633
E-mail / service@ycrc.com.tw
郵撥帳號 / 19735365
戶　　名 / 葉忠賢
法律顧問 / 北辰著作權事務所　蕭雄淋律師
印　　刷 / 鼎易印刷事業股份有限公司
ISBN / 957-818-091-8
初版一刷 / 2000 年 3 月
初版二刷 / 2006 年 9 月
定　　價 / 新台幣 300 元

* 本書如有缺頁、破損、裝訂錯誤，請寄回更換 *

國家圖書館出版品預行編目資料

生態保育 / 王麗娟・謝文豐著. -- 初版. -- 台北市：
揚智文化，2000[民 89]
面； 公分. -- （觀光叢書；21）
參考書目：面
ISBN 957-818-091-8（平裝）

1. 自然保育 2. 生態學 3. 環境保護

367 88017850